国家自然科学基金(61703144)
河南省高等学校重点科研项目(19B470003)
河南省高校基本科研业务费专项资金(NSFRF210443)
河南理工大学博士基金(B2018-27)
河南理工大学基本科研业务费专项项目(NSFRF180428)

煤层气开采直流微电网系统及控制

王　浩　著

中国矿业大学出版社
·徐州·

内 容 简 介

本书全面介绍了煤层气开采直流微电网系统的基本概念、技术原理和应用场景。全书共分 7 部分内容,第 1 部分为煤层气开采直流微电网系统的概述;第 2 部分为直流微电网的介绍,包括直流微电网的拓扑结构、运行方式和关键技术;第 3 部分为煤层气开采直流微电网的电压稳定控制,包括煤层气排采设备电动机的数学模型和最优速度曲线控制;第 4 部分为煤层气开采直流微电网的协调控制,包括母线电压等级的确定和多排采设备协调控制策略;第 5 部分为煤层气开采直流微电网的稳定性分析,包括全局小信号建模、阻抗匹配原则和主导极点轨迹分析;第 6 部分为煤层气开采供电网络的节能途径;第 7 部分为煤层气开采直流微电网系统的应用前景展望。

本书可供煤层气开采直流微电网的研究人员和工程师参考,也可作为分布式发电与微电网领域研究生学习的教材和参考资料。

图书在版编目(CIP)数据

煤层气开采直流微电网系统及控制 / 王浩著.—徐
州:中国矿业大学出版社,2020.10
ISBN 978 - 7 - 5646 - 4757 - 5

Ⅰ.①煤… Ⅱ.①王… Ⅲ.①煤层—地下气化煤气—
地下开采—电网—研究 Ⅳ.①P618.11

中国版本图书馆 CIP 数据核字(2020)第 088916 号

书　　名	煤层气开采直流微电网系统及控制
著　　者	王　浩
责任编辑	仓小金
出版发行	中国矿业大学出版社有限责任公司
	(江苏省徐州市解放南路　邮编 221008)
营销热线	(0516)83884103　83885105
出版服务	(0516)83995789　83884920
网　　址	http://www.cumtp.com　E-mail:cumtpvip@cumtp.com
印　　刷	徐州中矿大印发科技有限公司
开　　本	787 mm×1092 mm　1/16　印张 8.75　字数 167 千字
版次印次	2020 年 10 月第 1 版　2020 年 10 月第 1 次印刷
定　　价	33.00 元

(图书出现印装质量问题,本社负责调换)

前　言

　　煤层气俗称"瓦斯",主要成分是甲烷,伴生于煤矿中,是一种宝贵的非常规天然气资源。我国煤层气地质资源量居世界第三位,占世界总储量的 12%。加大煤层气开发力度,具有多重现实意义:一是变废为宝,降低煤矿瓦斯爆炸事故风险;二是降低大气污染,减少强温室效应的甲烷气体排放;三是保障国家能源安全,补充天然气需求缺口。瓦斯抽采方式包括煤层气地面钻井抽采、井下钻孔抽采和矿井通风排放等,瓦斯抽采方式的不同直接影响瓦斯中甲烷浓度的高低。瓦斯中甲烷浓度的自高而低可以划分为 3 个等级:高浓度瓦斯、低浓度瓦斯和乏风,与之相对应的梯级利用途径包括直接利用、燃气内燃机发电、掺混气源发电和蓄热氧化等。

　　在这其中,瓦斯发电是目前煤层气的主要利用途径之一。但是,瓦斯发电机组发电效率受甲烷浓度影响较大,表现出明显的间歇性和波动性,传统集中式电网在应对大量分散、容量较小、受甲烷浓度波动影响较大的分布式瓦斯发电机组时,已经力不从心,需要更高效的电网组织形式和输送形式。针对此问题,面向矿区瓦斯抽采的微电网技术应运而生,它将多种微源、储能、能量变换器、负载结合在一起,形成一个小型发配电系统。

　　近年来,国家能源局连续出台《关于推进新能源微电网示范项目建设的指导意见》和《配电网建设改造行动计划(2015—2020 年)的通知》等文件,指出应加快推进微电网示范工程建设,探索适应不同应用场合的微电网技术。

　　微电网根据母线载流形式的不同,可以分为交流微电网、直流微电网和交直流混合微电网。光伏、储能等为直流电源,如采用直流微电网,只需一级能量变换(DC/DC)就可并入直流母线,无须多级转换。同时,电动机等负载多采用变频供电,如采用直流微电网,也只需一级逆变环节(DC/AC),可减少整流环节(AC/DC)。总之,能量转换环节的简化,不仅可以提高整体效率,还能够降低变换器的故障率。此外,由于直流微电网不存在涡流损耗、无功环流、频率和功角稳定性等问题,因此以直流微电网为电网基本单元的组织形式具有较大的技术经济性优势。

直流微电网以其显著优势越来越受到学术界的关注,已有大量的研究报告陆续发表。这些研究报告从各个方面对直流微电网展开研究,从而有力推动了直流微电网技术的发展。但是,不同于含电阻性负荷或恒功率负荷的典型直流微电网,煤层气开采直流微电网具有特殊负荷属性和特定应用背景,相关研究仍处于起步阶段。鉴于此,本书作者在多年从事电力电子与电力传动技术基础上,参阅了大量的国内外相关文献,特别是总结了作者近年来从事微电网稳定性分析与控制,以及在矿井瓦斯(煤层气)抽采供电系统中应用的科研成果和心得体会,编写了这本《煤层气开采直流微电网系统及控制》,目的在于抛砖引玉,促进直流微电网技术在多场景下的应用和发展。

在本书的编写过程中,得到了中国矿业大学(北京)王聪教授、程红教授,河南理工大学钱伟教授、郑征教授、王福忠教授的关心和指导;也得到了河南理工大学杨海柱副教授、韦延方副教授、陶海军副教授、朱艺锋副教授、张国澎博士、杨明博士、杜少通博士、李斌博士、刘鹏辉博士以及山西蓝焰煤层气集团有限责任公司白利军副总经理、聂如青工程师的大力协助,在此一并向他们表示衷心的感谢。

感谢国家自然科学基金(61703144)、河南省高等学校重点科研项目(19B470003)、河南省高校基本科研业务费专项资金(NSFRF210443)、河南理工大学博士基金(B2018-27)、河南理工大学基本科研业务费专项项目(NSFRF180428)的资助。

由于作者水平所限,本书内容中难免有很多不妥甚至错误之处,敬请读者批评指正。

著者

2020.5

目　　录

1 绪 论

1.1 煤层气开采供电系统概况

20 世纪 70 年代以来,全球能源危机和温室效应等问题日益突出,以减少碳排放量为目标的能源转型迫在眉睫。进入 21 世纪以后,一场由页岩气引发的能源变革深刻影响了美国乃至全球的能源消费格局,向更低碳的能源系统转变的趋势已不可逆转[1]。由于可再生能源和天然气消费增长强劲,煤炭和石油等传统化石能源的消费比重已降至工业革命以来的最低值[2]。为应对新一轮能源消费革命,我国正稳步推进能源生产和消费领域的改革,着力构建清洁低碳高效的新型能源体系[3]。天然气是构建新型能源体系的重要组成部分,而以煤层气和页岩气为代表的非常规天然气是重要的补充能源[4]。

我国煤层气资源赋存丰富,已探明埋深 2 000 m 以浅的煤层气地质资源量约为 30.05 万亿 m^3,可采资源量约为 12.5 万亿 $m^{3[5]}$。现实却是,煤层气虽然是一种清洁高效能源,但又名煤矿瓦斯,其主要成分以甲烷为主,是诱发煤矿事故的主要原因[6]。我国各类煤矿中瓦斯事故占了约 1/10,给人民群众生命财产安全带来极大威胁。此外,我国煤田地质构造复杂,煤与瓦斯突出矿井和高瓦斯矿井众多,随着煤炭开采向深部推进,瓦斯治理面临严峻挑战[7]。为此,国家提出实施煤层气勘探开发行动计划(2014～2020 年),一方面加快推进煤层气资源勘探与开发,着力构建新型能源体系,另一方面从根本上破解瓦斯治理问题,变被动治理为主动防治。

具体到煤层气开采过程中,从电能利用角度存在以下 3 方面问题。

1.1.1 周期性变工况负荷

与常规天然气以游离态为主不同,煤层气以吸附态赋存于煤系地层中,需要使用游梁式抽采机才能"抽出来"[8]。常规游梁式抽采机由电动机、四连杆机构、排水杆和排水泵等组成(见图 1-1),电动机作为驱动游梁式抽采机运行的动力来源,其效率仅有 30% 左右[9]。究其原因主要有:①电动机在一个工作周期(冲次)内交替运行于重载、轻载和发电工况(即周期性变工况),力能指标(效率和功率因数乘积)低下;②电动机设计额定功率远大于其实际运行功率,"大马拉小车"问题严重;③周期性变工况下电动机出现二次能量转换,导致游梁式抽采机工作效率低下。表 1-1 给出了晋城蓝焰煤层气公司郑庄片区 4 台游梁式抽采机的电动机效率,电动机容量均为 15 kW。

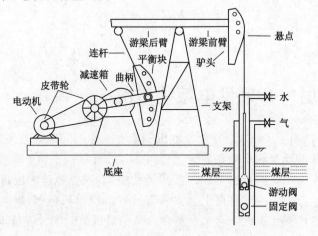

图 1-1　游梁式抽采机

表 1-1　郑庄片区游梁式抽采机电动机的负载率

指标 ＼ 井号	142# 井	144# 井	153# 井	172# 井
负载率	37%	33%	31.5%	32.5%

1.1.2　煤层气开采交流供电系统

利用既有交流线路改造而来的煤层气开采供电系统如图 1-2 所示,虽然结构简单、设备成熟可靠,但电能损耗严重,仅电费支出一项就达生产成本一半以上[10],给相关企业带来了较大的经济负担,严重制约了煤层气产业的高质量发展。具体表现在:① 受地质特征、资源潜力和成藏条件等客观因素影响,当前煤层气田地面交流供电系统供电半径较大、供电线路较长,以晋城蓝焰煤层气公司沁水片区为例,其中 10 kV 供电线路全长 290 km,400 V 线路全长 600 km,冗长的供电线路不仅带来了高昂的建设成本,还会产生大量涡流损耗和无功环流,导致电能严重浪费;② 采用 35 kV 变电/10 kV 高压输电/380 V 低压配电这一交流供电模式,需配备数量极多的变压器,仅沁水片区变压器就多达 295 台,再加上游梁式抽采机电动机一直处于周期性变工况运行状态,导致配电用变压器大多工作于非经济运行区,有功和无功损耗均大幅增加。

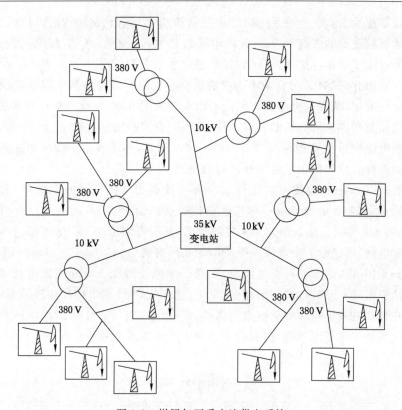

图 1-2 煤层气开采交流供电系统

1.1.3 电能质量

煤层气开采交流供电系统的电能质量主要存在以下 3 方面问题[11]：① 驱动游梁式抽采机运行的电动机在空载、轻载和重载之间交替变化，导致逆变器直流供电侧母线电压波动范围大；② 电压大范围波动会造成由直流供电侧电容处理的无功功率变大，导致网侧功率因数变低；③ 以变频器为代表的电力电子装置的高比例渗透，造成交流供电系统谐波污染与电磁干扰问题日趋严重。

通过上述分析可知，目前煤层气田地面交流供电系统的种种用电不合理问题亟待得到有效解决。

1.2 直流微电网研究概述

为顺应经济和社会发展提高电力传输的可靠性、安全性和经济性，满足各关键功能要求，改善能源结构和利用效率，集合了复杂传感器、先进双路通信和分布式计算技术来实现电力系统运行和控制智能化与信息化的智能电网,已然成为全球电网发展的大趋势[12]。智能电网包括发电、输电、变电、配电、用电以及调度等六大领域。特别地,如何实现数量众多且分散的分布式电源(distributed energy resources,DERs)在配电网中的安全平稳调度是智能配电网要解决的关键问题。但是,随着越来越高比例的 DERs 接入配电网(高渗透率),要满足用户对电能质量和供电可靠性的需求,同时实现配电网的安全运行与功率平衡,仅依靠智能配电网垂直管理网络中的 DERs 并不现实,高渗透率 DERs 的接入对配电网的运行与控制提出了越来越严峻的挑战[13]。

为此,Lasseter 等美国学者于 2002 年首次提出了微电网的构想[14],并定义微电网是由微源(microsources)和负荷构成、能提供电能和热能的独立可控系统,如图 1-3 所示。微电网这一构想的提出,使得高渗透率 DERs 可通过微电网接入配电网,不仅最大限度降低了 DERs 并网对配电网运行产生的影响,而且可以充分利用清洁能源和可再生能源,实现了中低压等级下分布式发电技术的高效灵活应用(即 DERs 的"即插即用")[15]。尤其是当外部电网发生故障时,微电网可在孤岛方式下持续对关键负荷供电,保证了供电可靠性[16]。微电网作为未来配电系统的重要组成部分,对推进节能减排和实现能源转型具有重要意义。

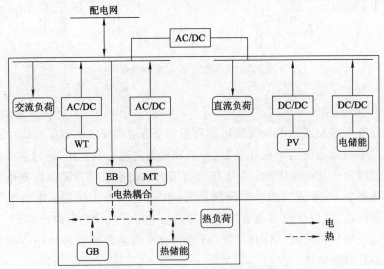

图 1-3　典型交直流微电网架构

目前,微电网的发展受到越来越多国家的重视。美国政府制定的未来电力系统研究和发展规划(即"Grid2030"发展战略)中指出,集合电力电子技术和信息网路技术的微网系统,可实现局域范围内的能源互联[17]。出于同样考虑,欧盟发布了《欧洲未来电力发展战略与前景》绿皮书,计划通过新型电力电子变换与储能设备,形成多个相对独立的区域微网,然后再统一由电力传输线进行能量互联管理[18]。从国内看,国家能源局连续出台《关于推进新能源微电网示范项目建设的指导意见》和《配电网建设改造行动计划(2015—2020 年)的通知》等文件,指出应加快推进微电网示范工程建设,探索适应不同应用场合的微电网技术。

大电网中交流的主导地位已经形成,但是对于关注需求侧响应的配电网来说,构建包含分布式发电、蓄电池以及本地负荷的直流微电网将是比较理想的方案[19]。鉴于此,通过对煤层气田地面供电系统进行直流化改造,构建包含DERs、储能单元和游梁式抽采机的直流微电网系统(见图 1-4)可具备如下显著优势:① 直流微电网不存在涡流损耗、无功环流、频率和功角稳定性等问题[20];② 直流微电网与交流主网通过 PWM 整流器连接,可实现网侧单位功率因数运行[21],且 PWM 整流器能有效隔离交流主网扰动;③ 直流微电网仅需一级变换器便能实现与分布式电源和负载的连接,省去了不必要的功率变换环节,功率密度和系统效率得到提高[22];④ 直流微电网既可以并网也可以孤岛方式运行,供电可靠性大幅提高[23]。

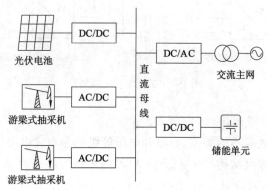

图 1-4　煤层气开采直流微电网系统

目前,关于直流微电网的研究主要围绕以下几方面展开。

1.2.1　拓扑结构

（1）双极性拓扑

双极性拓扑中应用最多的是双极性三线制结构,根据中线的引出方式不同,双极性三线制拓扑主要有以下四种:① 交流主网与直流微电网互联端口由两个容量相同的 DC/AC 变换器构成[24][见图 1-5(a)];② 直流微电网内两个储能单元 DC/DC 变换器通过一极直流母线连接,其本质是在直流微电网内构成双供电回路,优点是可靠性高,缺点是成本高昂,存在直流正负极母线电压不平衡问题[25][见图 1-5(b)];③ 利用中点箝位式三电平 DC/AC 变换器(neutral point clamped converter,NPC)作为交流主网与直流微电网互联接口,可以保证直流母线电容中点引出线电位平衡[26][见图 1-5(c)];④ 利用电压均衡器构成双极性三线制拓扑,使得直流微电网系统在并网和孤岛方式下均能保证直流正负极母线电压平衡[27][见图 1-5(d)]。

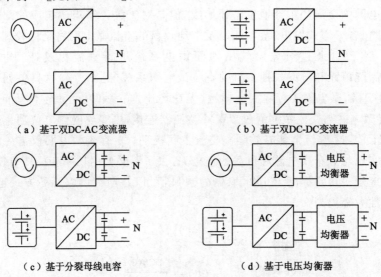

（a）基于双DC-AC变流器　　　　（b）基于双DC-DC变流器

（c）基于分裂母线电容　　　　（d）基于电压均衡器

图 1-5　双极性三线制拓扑

(2) 多电压等级拓扑

另外一种能适应不同类型、容量和电压等级的分布式电源、储能和负荷接入的拓扑是多电压等级结构[28](见图 1-6),不同电压等级通过基于模块化多电平技术(modular multilevel converter,MMC)的直流变压器实现互联,该直流变压器借助交流变压器实现两侧直流系统隔离,电压变换过程包括 DC/AC 和

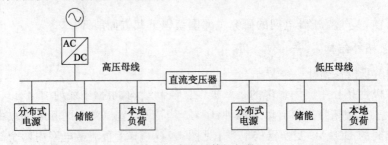

图 1-6　多电压等级拓扑

AC/DC两级变换,整体体积和损耗较大。

（3）多母线拓扑

随着直流微电网容量和规模的不断增大,可考虑采用如图 1-7 所示的多母线拓扑[29]结构,当某一交流系统出现故障导致 PWM 整流器退出运行,或某处直流母线发生故障,通过快速隔离故障区域,直流微电网仍能保证其余部分正常运行,可靠性更高。此外,还有学者提出环状结构[30],即在多母线拓扑内的不同直流母线之间采用两条或多条电气连接通道,以适应对供电可靠性要求更高的场合。

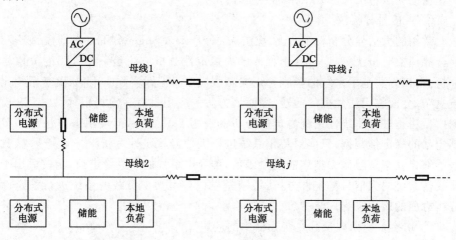

图 1-7　多母线拓扑

（4）直流微电网群

随着直流微电网规模和容量的进一步扩大,考虑到不同供、用电主体之间的功能差异性,可将多个直流微电网在一定区域内构成直流微电网群[31],如图 1-8 所示。多个直流微电网以集群的形式互联,各子微电网通过群能量调度与协调控制实现相互支撑。

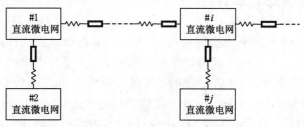

图 1-8　直流微电网群拓扑

1.2.2　模型建立与稳定性分析

（1）模型建立

① 小信号分析法

目前，直流微电网系统模型建立主要采用小信号分析法[32-34]。小信号分析法基于状态空间平均思想，优点是简单易用、便于稳定性分析及控制器设计[35]，缺点是由于通过忽略高次项而近似得到系统线性频域模型，会存在模型精度不高，当出现大信号扰动时系统可能不稳定等诸多问题，因此单纯依靠传统线性系统理论已无法精确反映复杂系统的动态行为[36-37]。

② 大信号分析法

常用的大信号分析法有李雅普诺夫法、Takagi-Sugeno（TS）模糊模型法和混合势函数分析法等。其中，李雅普诺夫稳定性分析方法是一种常用的大信号分析法，该方法基于系统的李雅普诺夫函数模型。但在实际应用中，由于系统比较复杂，会面临无法建模的问题，因而该方法的应用具有一定局限性[38]。TS模糊模型法是进行非线性系统稳定性分析的有力工具之一，但使用该方法无法得到定量的稳定性判据，只能对特定系统进行大信号稳定性分析[39]。混合势函数法能够建立李雅普诺夫类型的能量函数，推导出系统的渐进稳定域，比较适用于非线性系统的大信号稳定性分析，特别是在包含恒功率负载的系统进行稳定性分析方面的应用较为广泛[40-42]。

③ 切换系统模型及其在变换器中的应用

1986年美国Santa Clara大学召开的高级控制会议上首次提出混杂系统（hybrid system）概念，混杂系统将连续时间动态与离散事件动态有机结合，很快引起学术界的广泛关注。切换系统（switched system）是混杂系统的一种特殊形式，由多个子系统和协调子系统之间的切换规则组成[43]。由于切换规则可以替代混杂系统的离散动态细节，使得切换系统模型在不限制其能力和适用范围的同时较混杂系统模型大大简化[44]。近年来切换系统以其模型精确、易于分析而受到越来越多关注，已成为混杂系统理论研究的重要方向[45]。由于功率开关器件的存在，大部分电力电子变换器都表现出明显的切换特性，利用切换系统理论对其建模和分析更贴近真实的物理开关过程，可有效解决线性系统分析的局限性[46]。目前，已有不少文献将切换系统理论应用于电力电子变换器建模与分析中。文献[47]建立了Boost电路的切换系统模型，并依据该模型提出了Boost电路的参数辨识方法。文献[48]建立了面向储能节能系统的双向DC/DC变换器切换系统模型，通过构造系统Lyapunov函数，推导出系统切换控制律。文献[49]通过建立双向AC/DC变换器切换动态模型，提出了一种双向AC/DC切换控制方法。文献[50]基于三相SPWM逆变器周期切换模型，提出了一种新型稳定性分析方法。但是，将切换系统理论应用于多变换器级联系统建模，目前公开的文献还不多。本书作者所在的研究团队初步开展了可行性分析，认为直流微电网系统本质上是一类多变换器级联系统，属于典型的切换系统，为准确分析直流微电网系统的动态特性，建立其切换系统模型不失为一种有效建模手段[51]。

（2）稳定性分析

目前，直流微电网系统的稳定性分析与控制大多围绕恒功率负荷展开[52-54]，通常的做法是将直流微电网系统简化为源侧变换器和负荷侧变换器级联的形式，利用阻抗比判据分析系统稳定性[55]。针对稳定性控制的问题，多数文献从阻抗匹配角度给出稳定性控制方法，主要有无源阻尼法和有源阻尼法 2 种。文献[56]对比了 RC 并联、RL 并联和 RL 串联 3 种无源阻尼电路，提出了降低变换器输出阻抗峰值的方法。文献[57]通过调节阻尼电阻，改善了负载阻抗特性，提高了直流微电网系统的稳定性。有源阻尼法由于无须增添硬件电路、不产生额外损耗等优点，近年来得到广泛应用。文献[58]采用低通滤波的方法调节变换器等效输出阻抗，提高了直流微电网系统的稳定性。文献[59]利用并网变换器直流电流前馈，有效解决了高比例恒功率负荷引起的系统稳定性问题。文献[60]建立了下垂控制下适用于多储能变换器并联的直流微电网系统等效模型，提出了一种分级稳定控制方法。遗憾的是，对于周期性变工况条件下的直流母线电压失稳机理，以及稳定性分析方法，公开的文献很少且研究尚不深入。本书作者所在的研究团队开展了初步的研究，建立了煤层气开采直流微电网系统全局小信号模型，利用虚拟阻抗调节系统阻尼，显著提高了直流微电网系统的稳定性[61]。接下来，如何利用切换系统理论建立直流微电网系统模型与进行稳定性分析，是需要继续研究的方向之一。

需要注意的是，储能单元接口变换器和并网接口变换器所具有的功率双向传输特性，一定程度上模糊了电源输出阻抗与负荷输入阻抗的界限，使得单一能流方向下（电源层输出功率负荷层输入功率）的直流微电网系统模型与稳定性分析具有一定局限性[62]。下一步，如何针对双向能流下的直流微电网系统开展模型建立与稳定性分析研究，是完善直流微电网系统理论的重要步骤。

1.2.3　下垂控制

为解决直流微电网系统各功率单元的电流分配问题，目前主要采用主从控制[63]、平均电流控制[64]和下垂控制[65] 3 种方法。主从控制的优点是控制结构简单，缺点是高度依赖通信线路，平均电流控制存在同样问题。下垂控制是一种分布式控制，利用低带宽通信线路甚至无须通信就能实现各单元的电流分配，具有"即插即用"特性，方便系统扩容，尤其适合含分布式发电的直流微电网系

统[66]。下垂控制主要有一般下垂控制和补偿下垂控制 2 种,分别叙述如下:

(1)一般下垂控制

一般下垂控制就是控制变换器的电压/电流或电压/功率运行在一条下垂曲线上的控制方式。在实际应用中,由于直流微电网系统的线路阻抗无法忽略,使得传统下垂控制在追求较小电压偏差的同时,无法兼顾分流精度[67]。为解决这一局限性,主要采用平移曲线法和调整曲线系数法 2 种方法。平移曲线法通过上下平移下垂曲线,其主要解决电压偏差的问题[68]。调整曲线系数法通过使各功率单元按不同斜率的下垂曲线运行,其主要解决功率分配的问题[69]。应用于直流微电网系统内某一具有充放电功能的功率单元中的电压/电流下垂曲线如图 1-9 所示。

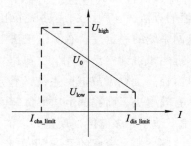

图 1-9　下垂控制框图

(2)补偿下垂控制

① 一般补偿控制

一般下垂控制由于下垂曲线固有特性,无法解决负载突变时直流母线电压与期望电压存在的偏差。为解决这一问题,可以利用下垂曲线纵截距和下垂曲线系数 2 种方法补偿直流母线电压。文献[70]通过改变下垂曲线的纵截距(即电压初始值),实现了对直流母线电压的二次控制与补偿。文献[71]提出了一种解决传统下垂控制局限性的直流母线电压补偿方法,兼顾了母线电压调节和电流分配能力,但没有解决线路阻抗的影响。文献[72]利用平均电压、电流对下垂曲线纵截距进行双补偿,可以同时提高电流分配和电压恢复能力,但是增加了系统的通信压力。文献[73]根据 P-U 下垂曲线系数 k 与储能单元剩余容量(state of charge,SOC)n 次幂呈现的反比关系,提出一种动态调整 P-U 下垂曲线系数的方法,以保证直流微电网内各储能单元的输出功率平衡。文献[74]针对直流母线电压突变对负荷造成较大影响的问题,提出一种根据直流母线电压变化率动态调整下垂曲线系数的方法,以应对快速负载扰动。文献[75]提出一种基于下垂曲线纵截距和系数同时调整的混合补偿方法,能够较好地实现负载扰动快速响应和电流均衡分配。

② 优化补偿控制

除了利用经典的偏差调节或关联参数等方法对直流微电网下垂曲线的二次控制进行补偿外,还可以采用优化补偿控制算法,以寻求使得系统运行更加优化的下垂曲线参数。文献[76]提出一种基于模糊算法的改进下垂控制,优点是可以实现直流母线电压调节、功率分配和储能平衡的目标,缺点是过度依赖通信线路。文献[77]利用模糊算法实现了无通信情况下分布式发电和储能的协同控制,达到了单元间存储能量的平衡和减小直流母线电压偏差的目的。

相较于模糊算法,基于一致性算法的改进下垂曲线控制策略可以利用相邻单元的通信耦合动态调整下垂曲线的纵截距或系数,以实现系统中关键变量的全局一致性。文献[78]通过采用动态平均电压和电流一致性算法,实现了调节下垂曲线电压初始值(即平移下垂曲线)的目标。文献[79]进一步利用离散一致性算法,通过相邻节点间的通信耦合达到动态调整下垂曲线系数的目的。直流微电网系统扩容后,单元数目增加将导致系统通信压力骤增。为此,可考虑将基于稀疏网络的分布式多智能体系统应用于直流微电网的分布式控制中,分布式多智能体之间通过相邻通信即可实现系统状态的一致。文献[80]通过构造分布式协同控制网络,提出了一种基于一致性算法的改进下垂曲线控制策略,利用电压和电流补偿器解决了线路阻抗不可忽略时的母线电压调节和负载功率分配问题。

1.2.4 直流母线电压稳定控制

直流母线电压稳定是保证直流微电网稳定运行的关键。根据产生机理不同,引起直流母线电压波动的因素大致可以归纳为扰动型波动和振荡型波动2类[81],如表 1-2 所示。

表 1-2 直流母线电压波动划分

扰动型波动	① 直流微电网内的负荷波动和投切 ② 分布式电源的功率波动和投切 ③ 交流主网与直流微电网之间的功率交换波动
振荡型波动	① 交流主网或负载不平衡、谐波产生的波动 ② 多变换器系统级联相互作用引起的波动 ③ 电力电子变换器产生的高频噪声

(1)扰动型波动

① 电流前馈

　　针对由直流微电网内分布式电源、负荷的功率波动和投切,以及交流主网与直流微电网之间的功率交换不平衡引起的扰动型波动,在并网模式下可考虑重新设计交直流接口变换器的控制回路[82],在孤岛模式下则考虑协调控制储能单元[83]。文献[84]将负载电流引入直流微电网电压稳定控制回路,消除了直流母线电压纹波。文献[85]分析了引入电流前馈对减小直流母线电压波动的有效性,同时指出由于扰动电流前馈经过电流环 PI 调节,使得电流环输出滞后于电流给定值。文献[86]为解决电流前馈的时滞性,提出在稳态全补偿中加入一阶微分环节,成功补偿了电流环延迟。

　　② 功率前馈

　　除了采用电流前馈控制外,还可以通过在电压控制回路中引入功率前馈抑制直流母线电压波动。文献[87]在 BTB 变换器和 DC/DC、DC/AC 双级系统中引入功率前馈控制,减小了直流侧母线电压的波动。文献[88]提出在电压外环和电流内环分别加入功率前馈和一阶微分环节,既解决了电流环的输出延迟,又有效抑制了直流母线电压波动。文献[89]利用功率平衡控制方法,在电压调制中加入了前馈分量微分运算结果,优点是可以提高系统动态响应性能,缺点是微分环节会破坏系统抗干扰能力,影响系统稳定性。文献[90]把负荷波动和交流主网电压波动视为外界扰动信号,对负载电流、功率前馈和输入电压前馈控制方法进行了深入分析。文献[91]对应用于背靠背变流系统中的优化前馈控制方法做了初步探讨。

　　(2)振荡型波动

　　针对由多变换器系统级联相互作用引起的振荡型波动,可以采用母线电压调节器[92]、纹波消除器[93]和纹波能量储存器[94]等方法,其本质是通过增加母线电压调节装置滤除母线电流的交流分量,从而实现直流母线电压稳定。

　　归纳起来,对于由分布式电源功率波动、交直流电网功率交换不平衡引起的扰动型波动,以及由多变换器系统级联相互作用引起的振荡型波动,学者们研究较为全面和深入。但是,鲜有研究涉及由周期性变工况引起的直流母线电压波动及电压稳定控制方法。针对由游梁式抽采机电动机周期性变工况引起的直流母线电压波动,本书作者所在的研究团队在前期进行了一定的研究,给出了游梁式抽采机电动机运行最优速度曲线,电动机按该速度曲线运行时直流母线电压波动最小[95]。除了考虑周期性变工况负荷外,还要结合分布式电源变化功率、交直流电网不平衡流动功率,从源-网-荷的角度出发进一步研究煤层气开采直流微电网系统的电压波动机理及稳定控制方法,这也是本课题组未来重要的研究方向之一。

1.2.5　直流微电网运行控制

直流微电网运行控制指的是如何保证接口变换器、分布式发电与储能单元和负荷的协调运行与稳定控制。直流微电网运行控制的前提是对运行控制目标进行分解,文献[96]将直流微电网的运行控制分为设备级控制和系统级控制,如图 1-10 所示。

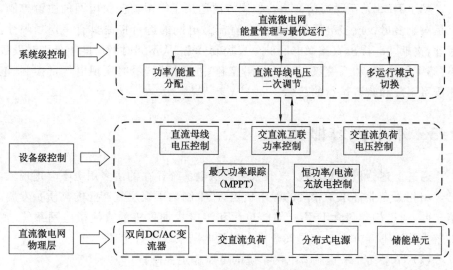

图 1-10　直流微电网运行控制框图

其中,设备级控制主要针对直流微电网内接口变流器、分布式发电与储能单元以及交直流负荷等底层物理设备,基于本地信息实现一些基本控制目标,包括维持直流母线电压稳定、保证系统功率平衡及实现直流微电网稳定运行等。设备级控制主要包括直流母线电压控制、交直流互联功率控制、交直流负荷电压控制、最大功率跟踪及恒功率/电流充放电控制等。而系统级控制的主要目标是对系统进行协调控制和能量管理,以提升运行效率实现系统最优运行。系统级控制的主要内容包括直流微电网系统内各单元输出功率/能量合理分配、直流母线电压二次调节及多运行模式切换等。

在对直流微电网运行控制目标分解基础上,已有学者对基于无互联通信的运行控制和基于互联通信的分层运行控制进行了深入研究。

（1）基于无互联通信的直流微电网运行控制

作为反映直流微电网系统功率平衡的唯一指标,直流母线电压可以由交直流并网接口变换器进行控制,也可以由直流微电网内分布式电源和储能单元进行调节。文献[97]提出一种基于直流母线电压信号（DC bus signaling,DBS）的直流微电网分布式控制方法,其基本思路是通过检测直流母线电压变化量,来决定系统中交直流接口变流器、分布式电源和储能单元以及交直流负荷的运行与控制模式。该控制方法能够实现直流微电网多模式切换和能量管理,但是由于储能单元缺乏有效管理,无法实现直流微电网系统最优运行。

(2)基于互联通信的直流微电网分层运行控制

基于 DBS 无互联通信的运行控制方法适用于简单直流微电网的协调控制,但是对于多母线或多电压等级的复杂直流微电网的运行控制具有一定局限性。因此,文献[98]提出直流微电网的分层控制体系,从不同时间尺度上分别对设备级(第Ⅰ层控制)和系统级(第Ⅱ、Ⅲ层控制)进行控制,最终实现电气量控制、电能质量调节和经济运行的目标。

1.3 本书内容概述

通过上述分析可知,煤层气开采交流供电系统存在的诸多用电不合理现象,已经给相关企业带来了较大的经济负担,严重制约了煤层气产业的高质量发展。鉴于此,通过构建包含 DERs、储能单元和游梁式抽采机的直流微电网系统,本书着重从以下 3 方面对煤层气开采直流微电网系统进行论述:

(1)煤层气开采直流微电网系统的电压稳定控制;

(2)煤层气开采直流微电网系统供电下的多台游梁式抽采机协调运行控制;

(3)煤层气开采直流微电网系统的模型建立、稳定性分析与控制。

以下分章概述本书主要内容:

第 1 章简述了煤层气开采供电系统概况,并从多方面介绍了直流微电网的研究现状。

第 2 章叙述了直流微电网涉及的相关关键技术,重点讨论了拓扑结构、运行方式、母线电压稳定控制及系统稳定性分析等内容。

第 3 章阐述了由游梁式抽采机电动机周期性变工况引起的直流母线电压波动及相关控制策略。首先,推导了游梁式抽采机电动机矢量控制数学模型;其次,提出了游梁式抽采机电动机运行最优速度曲线控制策略;最后,通过仿真和现场实测表明,电动机按该速度曲线运行时直流母线电压波动最小。

第 4 章着重介绍了直流微电网供电下多台游梁式抽采机同时运行引起的电压波动及协调运行控制策略。首先,在分析由多台游梁式抽采机同时运行引起的直流微电网母线电压波动时,除了考虑单一周期性变工况负荷外,还要考虑多负荷同时运行的时序和方向;其次,建立了计及单一负荷特点、以及多负荷同时运行存在的时序和方向的统一负荷模型,研究了统一负荷模型作用下的直流母线电压波动机理,提出了一种为解决直流母线电压波动的多负荷协调运行控制策略。除了考虑周期性变工况负荷外,本章还建立了包含变换器控制层、负荷功率平衡层和母线功率控制层的母线电压分层控制结构,提出了一种煤层气开采直流微电网系统母线电压的稳定控制方法。

第5章重点讨论了煤层气开采直流微电网系统的模型建立、稳定性分析与控制。首先,参考传统电力系统发电-输电-用电模式,构建了煤层气田地面直流微电网系统的分层结构:第一层负责能量供给,由光伏电池和储能单元组成;第二层担负能量传输和分配任务,由双向 Buck/Boost 变换器构成;第三层是用电负荷,由逆变器-电动机系统组成,负责驱动游梁式抽采机运行。其次,在分层结构框架下,建立了源端输出阻抗和荷端输入阻抗构成的煤层气田地面直流微电网系统的全局小信号模型,探讨了含周期性变工况负荷的直流微电网系统稳定性分析与控制方法。最后,揭示了改变系统阻尼对于主导极点的变化规律,提出了一种适用于含周期性变工况负荷直流微电网系统的有源阻尼控制方法,同时利用下垂控制实现了负荷功率动态平衡分配。

第6章系统阐述了应用于煤层气开采供电系统的节能方法,特别是详细介绍了无功补偿技术在煤层气开采交流供电系统中的应用,以及周期性变工况负荷下的电动机节能途径。

第7章展望了直流微电网特别是煤层气开采直流微电网系统的发展前景,分析总结了煤层气开采直流微电网系统涉及的诸如模型建立、稳定性分析、电压稳定控制以及协调运行等方面的关键技术,从分布式发电与微电网技术进步角度出发全面系统评估了煤层气开采直流微电网系统的可行性与未来前景。

2 直流微电网拓扑、运行方式及关键技术

2.1 直流微电网的拓扑结构

直流微电网的概念提出以来,其拓扑结构的分类方式一直没有统一标准。一般来说,直流微电网可以分为母线分层型、非母线分层型、环形拓扑结构以及直流微电网群 4 种[99]。

(1) 母线分层型

母线分层型是指系统中存在不同电压等级的母线,主要包括多电压等级拓扑和多母线拓扑 2 种[100],如图 2-1 所示。

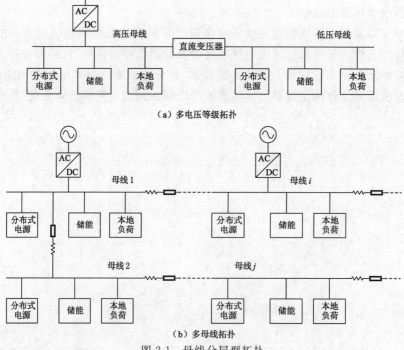

(a) 多电压等级拓扑

(b) 多母线拓扑

图 2-1 母线分层型拓扑

　　母线分层型结构是一种能适应不同类型、容量和电压等级的分布式电源、储能和负荷接入的多电压等级拓扑结构,能够实现不同电压等级通过基于模块化多电平技术(modular multilevel converter,MMC)的直流变压器实现互联,该直流变压器借助交流变压器实现两侧直流系统隔离,电压变换过程包括 DC/AC 和 AC/DC两级变换,整体体积和损耗较大。随着直流微电网容量和规模的不断增大,可考虑采用多母线拓扑,当某一交流系统出现故障导致 PWM 整流器退出运行,或某处直流母线发生故障,通过快速隔离故障区域,直流微电网仍能保证其余部分正常运行,可靠性更高。此外还有学者提出在多母线拓扑内的不同直流母线之间采用两条或多条电气连接通道,以适应对供电可靠性要求更高的场合。

　　(2)非母线分层型

　　若系统不符合母线分层型直流微电网的条件,则为非母线分层型直流微电网。非母线分层型主要包括辐射型和环型 2 种[101]。辐射型拓扑又称放射型或树状拓扑,是直流微电网中最基本的拓扑结构,如图 2-2 所示。辐射型拓扑的基本特征是系统内各单元经直流传输线汇流于中心母线,每条传输线仅需配置一个直流断路器,系统结构简单,建设成本较低,缺点是当中心汇流母线发生故障时,系统中所有直流传输线的断路器动作,各分布式电源失去仅有的功率输出通道,负荷将会失电。典型代表是双极性拓扑,其中应用较多的是双极性三线制结构。根据中线的引出方式不同,双极性三线制拓扑主要有以下四种:① 交流主网与直流微电网互联端口由两个容量相同的 DC/AC 变换器构成;② 直流微电网内两个储能单元 DC/DC 变换器通过一极直流母线连接,其本质是在直流微电网内构成双供电回路,优点是可靠性高,缺点是成本高昂,存在直流正负极母

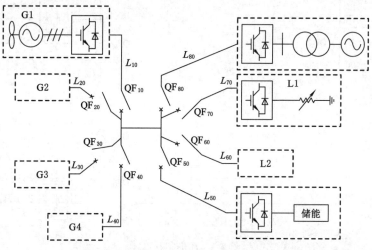

图 2-2　辐射型拓扑结构

线电压不平衡问题;③ 利用中点箝位式三电平 DC/AC 变换器(neutral point clamped converter,NPC)作为交流主网与直流微电网互联接口,可以保证直流母线电容中点引出线电位平衡;④ 利用电压平衡器构成双极性三线制拓扑,使得直流微电网系统在并网和孤岛方式下均能保证直流正负极母线电压平衡。

(3) 环形拓扑结构

另外一种拓扑结构是环形拓扑结构[102],如图 2-3 所示。该结构中所有直流端通过直流母线连接成环状,系统负荷可由双向线路供电,该结构增加了系统的冗余性和可靠性,同时兼顾了故障或检修设备期间的运行灵活性。相较于辐射型拓扑,当直流线路发生故障时,故障线路两端的直流断路器断开,系统运行于开环模式,无功率损失。虽然环形拓扑中直流母线的长度和容量以及断路器的使用数量有所增加,但相较于辐射型拓扑具有更高的供电可靠性和灵活性。因此环形拓扑结构更能发挥直流微电网的优点,是更为理想的组网方式。但是当环形拓扑内任意一点发生直流短路故障时,其他单元的电压、电流都会受到影响,而且各端的电压、电流故障特性差异不明显。因此环形拓扑结构对故障保护也提出了更高的要求。

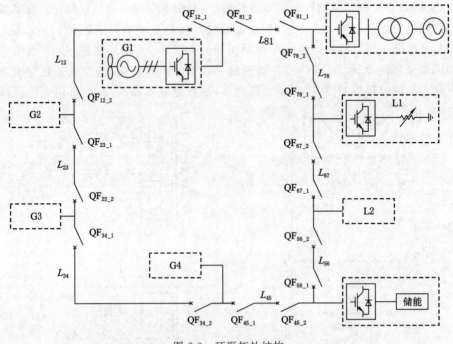

图 2-3　环形拓扑结构

（4）直流微电网群

此外，随着直流微电网容量和规模的进一步扩大，考虑到不同供用电主体之间的功能差异性，文献[103]提出可将多个直流微电网在一定区域内构成直流微电网群，如图 2-4 所示。多个直流微电网以集群的形式互联，各子微电网通过群能量调度与协调控制实现相互支撑。传统上一般采用联络开关或者直流断路器实现群内各子微电网之间的互联，优点是联络开关损耗小、成本较低，缺点是：① 联络开关只能连接相同电压等级的直流微电网；② 各子微电网之间的传输功率不易灵活控制；③ 各子微电网之间无电气隔离，相互影响大，当群内某一子微电网负荷或分布式电源功率发生波动时，将不可避免影响其他互联微电网的可靠运行。

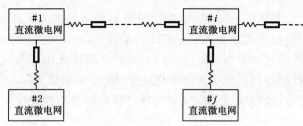

图 2-4　直流微电网群拓扑

为此，已有学者提出采用高频隔离双向 DC/DC 变换器或模块化多电平型固态变压器（modular multilevel converter-solid state transformer, MMC-SST）[104]，取代传统联络开关作为群内各子微电网的互联装置，以实现直流微电网群的电气隔离、坚强支撑及能量传输与控制，如图 2-5 所示。

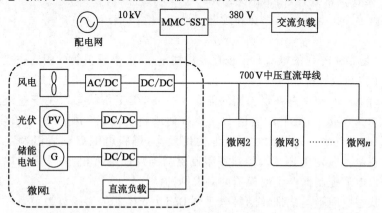

图 2-5　基于高频隔离双向 DC/DC 变换器或 MMC-SST 的直流微电网互联

2.2　直流微电网的运行方式

一般来讲,直流微电网的运行方式可根据是否与交流主网连接分为离网运行和并网运行两大类。文献[105]进一步将直流微电网的运行方式划分为被动并网、主动并网和孤岛运行 3 种模式。在被动并网运行时,交流主网与直流微电网之间没有能量交换,系统能量平衡由储能单元完成;当分布式发电单元输出功率不足时,系统切换为主动并网模式,此时交流主网向直流微电网提供能量;当交流主网出现故障时,并网接口变换器停止工作,直流微电网运行于孤岛模式。

2.2.1　孤岛方式下的直流微电网运行控制

文献[106]以光伏阵列-燃料电池-超级电容器所构成的低压单极性直流微电网为研究对象,在考虑分布式电源特性的基础上,对孤岛模式下的直流微电网运行控制进行了研究。采用开路电压比例系数法跟踪光伏阵列的最大功率,利用斜率限制器控制燃料电池功率的变化速度,防止"燃料饥饿",改善燃料电池性能,提高使用寿命,同时采用滑模控制实现超级电容器的快充快放,稳定直流母线电压。

(1) 光伏阵列控制

为充分利用太阳能,需要对光伏阵列输出功率进行最大功率点跟踪控制(maximum power point tracking,MPPT),这里采用开路电压比例系数法。光伏阵列的最大功率点电压 U_m 与开路电压 U_{oc} 之间存在近似的线性关系:

$$U_m \approx k_1 U_{oc} \tag{2-1}$$

式中,k_1 是比例常数,取值范围为 $0.71 \sim 0.78$。

假设 Boost 变换器工作在连续电流模式,有下式:

$$p_{PV} = i_{PV} u_{DC} (1 - d_1) \tag{2-2}$$

式中,i_{PV} 是光伏阵列的电流;u_{DC} 是直流母线电压;d_1 是开关管的瞬时占空比。

(2) 燃料电池控制

燃料电池的作用是补偿长期的能量不平衡,其工作状态取决于超级电容端电压 u_{SCMea}:当 u_{SCMea} 低于设定值 U_1 时,启动燃料电池;当 u_{SCMea} 高于设定值 U_2 时,关闭燃料电池。为提高燃料电池使用效率,燃料电池启动后以额定功率运行。燃料电池额定电流 I_{FCN} 经斜率限制器后与反馈电流相比,然后将电流偏差信号送入电流控制器产生变换器的触发脉冲。

由状态空间平均法推导燃料电池侧 Boost 变换器传递函数为:

$$\frac{\hat{i}_{FC}(s)}{\hat{d}_2(s)} = \frac{C_2 U_{DCref} s + I_{L2}(1 - D_2)}{L_2 C_2 s^2 + C_2 R_L s + (1 - D_2)^2} \tag{2-3}$$

式中,D_2是开关管的稳态占空比;U_{DCref}和I_{L2}分别是直流母线的参考电压和电感L_2的额定电流,R_L是电感L_2的寄生电阻。

PWM 发生器的传递函数为:

$$G_{PWM} = 1/K_{PWM} \tag{2-4}$$

式中,K_{PWM}是锯齿载波信号的幅值。

电流控制器的传递函数为:

$$G(s) = \frac{K_p s + K_i}{s} \tag{2-5}$$

(3)超级电容器控制

由于超级电容器充放电时端电压变化范围大,因此在实际应用中通常采用DC/DC 变换器来控制能量的双向流动。以图 2-6 所示的半桥型双向 DC/DC 变换器为例对超级电容器的充放电进行控制:超级电容器充电时,VT4、VD3 导通,变换器工作在 Buck 模式;超级电容器放电时,VT3、VD4 导通,变换器工作在 Boost 模式。

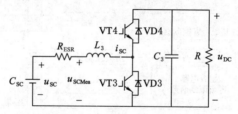

图 2-6   半桥型双向 DC/DC 变换器

规定能量正方向为从低压侧到高压侧方向,以电感电流 i_{SC} 和直流母线电压 u_{DC} 作为状态量,建立大信号统一状态模型:

$$\begin{cases} L_3 \dfrac{\mathrm{d}i_{SC}}{\mathrm{d}t} = u_{SC} - R_{ESR} - (1-d_3)u_{DC} \\[2mm] C_3 \dfrac{\mathrm{d}u_{DC}}{\mathrm{d}t} = -\dfrac{u_{DC}}{R} + (1-d_3)i_{SC} \end{cases} \tag{2-6}$$

式中,d_3是开关管 VT_3 的瞬时占空比;R 是等效负载电阻,定义为输出电压的平方除以输出功率。

(4)中央控制器

中央控制器的作用是协调控制光伏阵列与燃料电池形成的发电系统:

① 当负荷功率大于光伏阵列发电量时,优先通过超级电容器放电以补偿瞬时能量不平衡。随着超级电容器放电,其端电压不断下降,当端电压降低到阈值U_1时,中央控制器认为此时系统功率缺额是长期的,于是燃料电池开始进行辅助发电。

② 当负荷功率小于光伏发电量时,超级电容器充电,吸收多余的电能。随着超级电容器充电,其端电压不断上升,当端电压升高到阈值 U_2 时,关闭燃料电池。

③ 在超级电容器充放电过程中,为防止超级电容器过充(过放),当端电压大于(小于)上限值 U_{SCmax} (下限值 U_{SCmin})时,关闭超级电容器。

孤岛模式下的直流微电网运行控制如图 2-7 所示。

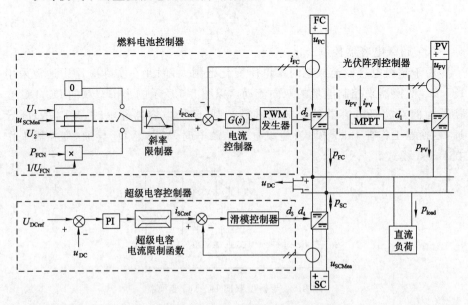

图 2-7 孤岛方式下的直流微电网运行控制

2.2.2 并网方式下的直流微电网运行控制

现有文献大多讨论孤岛方式下的直流微电网运行控制,由于缺乏可靠支撑,当能量剩余或不足时,稳定性较差,其应用有一定局限性[107-108]。文献[109]以光伏发电、储能装置、网侧变换器和直流负荷构成的直流微电网为研究对象,将交流主网作为可靠支撑,通过分析直流母线电压与系统功率之间的关系,提出一种光伏变换器、储能装置和网侧变换器的协调控制策略。其中,储能装置采用自适应下垂控制,目的是优化不同条件下的输出功率,提高电池和系统运行效率;光伏发电采用变步长电导增量法进行最大功率跟踪;网侧变换器采用基于前馈解耦的电压电流环控制。

依托直流母线电压的大小,通过设置 4 个临界值使系统能够运行于 4 种工作模式,如图 2-8 所示。临界值之间的大小关系为 $U_{L2}<U_{L1}<U_{dcn}<U_{H1}<U_{H2}$ 。

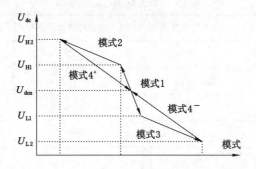

图 2-8　并网方式下的直流微电网运行控制

（1）工作模式 1

$U_{L1}<U_{dc}<U_{H1}$，系统孤岛运行，光伏变换器工作在 MPPT 模式，持续为负荷供电，光伏发电与负荷消耗处于平衡状态：

$$P_{PV} = \sum P_{load}$$

该模式下，为防止光伏发电和负荷功率的微小变化导致锂电池频繁充放电，锂电池处于待机模式。由于没有恒压控制环节，当光伏最大输出功率受环境影响发生微小变化时，直流母线电压将在允许范围内出现波动。

（2）工作模式 2

$U_{H1}\leqslant U_{dc}<U_{H2}$，系统孤岛运行，出现剩余功率，储能装置开始动作，工作在调整电压模式，通过吸收功率调整母线电压使其降低。随着锂电池充电状态达到限值，储能装置停止工作。此时，光伏变换器切换为恒压工作模式，降低输出功率，保证系统能量平衡。

（3）工作模式 3

$U_{L2}\leqslant U_{dc}\leqslant U_{L1}$，系统孤岛运行，光伏输出功率小于负荷功率，此时储能装置开始动作，通过释放功率补偿系统功率缺额，实现调节直流母线电压的作用。

（4）工作模式 4

$U_{L2}\leqslant U_{dc}$ 或 $U_{dc}\leqslant U_{L2}$，直流母线电压持续升高或降低，表明系统能量严重过剩或不足，系统已无法实现稳定安全的孤岛运行。此时，动作优先级最低的网侧变换器开始工作，通过整流和逆变维持系统能量平衡，保证直流母线电压稳定。

结合上述分析，直流微电网的安全稳定运行和控制依靠各类变换器的协调配合，各类变换器在不同工作模式下的状态如表 2-1 所示。

表 2-1　各类变换器工作状态

工作模式	储能变换器状态	光伏变换器状态	网侧变换器状态
1	等待	MPPT	等待
2	先调压后等待	先 MPPT 后恒压	等待
3	调压	MPPT	等待
4	等待	MPPT	整流或逆变

2.2.3　直流微电网并离网方式的切换

　　由于直流微电网在并网和离网方式之间切换时通常会出现不期望的冲击，文献[110]针对直流微电网内不同单元的特点，对系统并、离网运行方式作进一步的分析和安排，通过母线电压信息建立系统各单元切换判据实现系统并、离网的统一运行控制和无缝切换。系统离网与并网运行切换条件如图 2-9 所示，切换条件分为两种情况：一种情况是计划性地切换，切换命令由系统上层控制器发出；另一种情况是由于系统内能量供需关系变化导致系统在并离网之间进行切换。

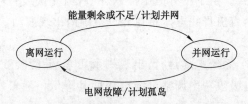

图 2-9　并离网运行切换条件

　　（1）切换判据

　　直流微电网内各单元的工作状态可划分为：① 分布式发电单元 DG 可工作在恒压下垂模式（constant volateg droop，CVD）或最大功率跟踪模式；② 蓄电池 BES 可工作在充放电和限流充放电模式，在超出蓄电池荷电状态设置范围时停机；③ 并网变换器 GCC 可工作在并网整流模式、并网逆变模式和限流模式；④ 负载可工作在正常供电模式和降功率模式。可将各单元工作状态分为电压型和电流型两大类，当某一单元运行于电压型状态稳定直流母线电压时，其余单元则应工作于电流型状态。各单元运行状态如表 2-2 所示。

表 2-2 各单元运行状态分类

单元	电压型	电流型
DG	CVD	MPPT
BES	充/放电	限流充/放电
GCC	并网逆变/整流	限流逆变/整流
Load	降功率运行	正常运行

结合各单元工作状态特点得到的直流微电网并离网方式切换判据如图 2-10 所示。该切换判据基于直流母线电压信息,分布式发电单元、蓄电池单元、并网变换器以及负荷变换器可以预定电压值分别稳定直流母线电压。当稳压单元进入电流型状态或发生故障停机时,直流母线电压将发生变化并进入下一电压等级,此时母线电压将由下一单元稳定。从图 2-10 中可以看出,系统并离网运行穿插在这五个电压等级中,存在一定重叠,这是直流微电网并离网方式切换判据的一个重要特点。

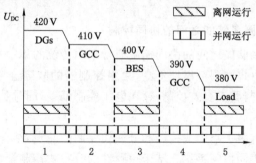

图 2-10 直流微电网并离网方式切换判据

(2) 运行模式

直流微电网系统在运行时,内部各单元按照相关控制策略释放或吸收能量。系统内各单元在不同时间段稳态运行时能量供需的平衡关系为:

$$\int P_{\text{load}}(t)\,\mathrm{d}t = \int P_{\text{DG}}(t)\,\mathrm{d}t + \int P_{\text{BES}}(t)\,\mathrm{d}t + \int P_{\text{GCC}}(t)\,\mathrm{d}t \tag{2-7}$$

式中,P_{load} 是负荷消耗功率;P_{DG} 是分布式发电单元发出的功率;P_{BES}、P_{GCC} 分别是蓄电池单元和并网逆变器发出或消耗的功率。

由式(2-7)可知,直流微电网内的能量平衡易受下列因素影响:① 负荷消耗能量发生变化;② 分布式发电单元因光照强度、风力捕获等因素引起发出功率改变;③ 蓄电池随荷电状态改变而导致充放电功率发生变化;④ 并网变换器达到容量上限;⑤ 交流电网发生故障。当系统内能量变化打破平衡时,系统将运行于不同的工作模式,如图 2-11 所示。

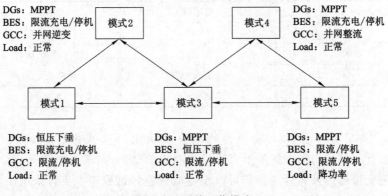

DGs：MPPT
BES：限流充电/停机
GCC：并网逆变
Load：正常

DGs：MPPT
BES：限流充电/停机
GCC：并网整流
Load：正常

DGs：恒压下垂
BES：限流充电/停机
GCC：限流/停机
Load：正常

DGs：MPPT
BES：恒压下垂
GCC：限流/停机
Load：正常

DGs：MPPT
BES：限流/停机
GCC：限流/停机
Load：降功率

图 2-11 系统工作模式

2.3 直流微电网的关键技术

2.3.1 直流微电网多储能之间的协同控制

直流微电网多储能之间的协同控制通常采用传统的集中式控制和分散式控制 2 种方法。集中式控制可靠性不高,集中控制器的故障会导致整个控制系统失效;而分散式控制属于有差控制,存在电压控制偏差,同时受线路阻抗影响,无法精确分配功率。

分布式控制克服了集中式控制和分散式控制的缺点,结合了各自的优势,成为了一种有效的协同控制手段。基于一致性的分布式控制策略仅需本地的测量信息和相邻节点的测量信息即可使全系统的控制变量趋于一致,分布式控制较集中式控制具有更好的鲁棒性、拓展性和灵活性[111]。文献[112]针对如图 2-12 所示的多组 PVs(Photovoltaic,PV)和 BSUs(battery storage unit,BSU)构成的孤立直流微电网,在不考虑控制器初值和传输时延的前提下,提出了能够同时控制 BSUs 功率分配和母线平均电压的分布式控制策略,其中,功率分配的原则是使各 BSU 的 SOC 趋于一致,避免单个电池过充过放,同时抑制 BSUs 之间的环流。

由于线路阻抗的影响,图 2-12 中 BSUs 按各自容量进行功率分配时无法保证所有母线电压都调节到额定值,针对这种没有公共母线的分布式控制系统,母线电压的控制目标可以设定为控制各母线电压的平均值达到额定值。一种常见的实现方法是利用电压观测器计算系统母线电压的平均值。基于一致性算法的电压观测器动态表达式为：

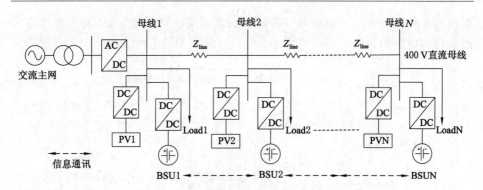

图 2-12 含多 PVs 和 BSUs 的直流微电网

$$v_{\text{avg}i} = v_{\text{bus}i} - \int \sum_{j=i}^{N} a_{ij} (v_{\text{avg}i} - v_{\text{avg}j}) \qquad (2\text{-}8)$$

式中，$v_{\text{bus}i}$ 为第 i 个 BSU 的端口母线电压；$v_{\text{avg}i}$ 为第 i 个 BSU 利用电压观测器获取的平均母线电压观测值。

BSUs 的荷电状态 SOC 是用来衡量 BSUs 的充放电程度的关键指标：

$$\text{SOC}_i = 1 - \frac{1}{C_{\text{N}i}} \int i_{\text{bat}i} \, dt \qquad (2\text{-}9)$$

式中，SOC_i 是第 i 个 BSU 的 SOC；$C_{\text{N}i}$ 是第 i 个 BSU 的标称容量；$i_{\text{bat}i}$ 是蓄电池输出电流。

蓄电池充放电时需要各蓄电池保持在较为平均的容量水平，从而避免单个蓄电池的过充过放，提升 BSUs 的整体寿命。但是如果直接控制各电池的 SOC 一致，在 SOC 初始值不同的情况下，将导致电池之间相互充放电从而引起环流。因此为避免 BSU 之间的互相充放电，这里定义了控制功率分配的状态变量：

$$\gamma_i = \frac{P_{\text{BSU}i}}{F(\text{SOC}_i)} \qquad (2\text{-}10)$$

式中，$P_{\text{BUS}i}$ 为第 i 个 BES 的输出功率；$F(\text{SOC}_i)$ 是与荷电状态 SOC_i 有关的函数，定义为：

$$F(\text{SOC}_i) = \begin{cases} C_{\text{N}i} (\text{SOC}_i - \text{SOC}_\text{L}) & P_{\text{BSU}i} \geqslant 0 \\ C_{\text{N}i} (\text{SOC}_\text{H} - \text{SOC}_i) & P_{\text{BSU}i} < 0 \end{cases} \qquad (2\text{-}11)$$

式中，SOC_L 为蓄电池放电时 SOC 的下限参考值；SOC_H 为蓄电池充电时 SOC 的上限参考值；$F(\text{SOC}_i)$ 是第 i 个 BSU 的实际剩余可用容量。

当各节点状态变量 γ_i 趋于一致时，即可实现不平衡功率在 BSU 之间按照 SOC 实时状态进行分配。基于一致性算法的分布式控制采用如图 2-13 所示分层控制结构。一次控制采用传统下垂控制，二次控制采用基于一致性算法设计的功率控制器和电压控制器对一次控制的参考电压进行修正,从而实现功率分配和母线电压的控制。

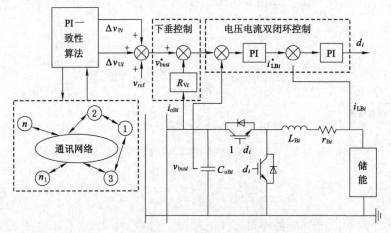

图 2-13　直流微电网多 BSUs 协同的分布式控制策略

2.3.2　直流母线电压的稳定控制

直流微电网在网络结构、运行方式等方面更适合大规模的新能源接入,但是相比于交流电网,直流电网几乎没有惯性,这使得负载的突然增减、新能源出力的随机波动以及系统的突发性故障等扰动都会影响直流母线电压的稳定。目前,虚拟同步发电机(virtual synchronous generator,VSG)控制作为一种能够为交流系统提供一定惯性支持从而提高系统频率稳定性的控制方法已经成为一个研究热点,它可以使分布式电源(distributed generator,DG)模拟出与同步发电机相似的特性[113-114]。实际上,传统的交流系统和目前所研究的直流系统之间有些变量具有可类比性,具备一一对应的关系,目前已有学者将传统交流系统中的 VSG 控制通过类比应用到直流微电网的惯性控制中[115]。

目前,直流微电网虚拟惯性控制的研究还存在如下问题:① 鲜有研究将虚拟惯性与直流电压变化率联系起来,对于惯性的自适应调节问题研究尚不深入;② 灵活虚拟惯性(flexible virtual inertia,FVI)主要控制参数的变化对直流母线电压稳定性的影响规律尚不明晰。为此,文献[116]将包含风电、光伏、储能、交直流负载和交流主网的六端直流微电网作为研究对象(见图 2-14),通过建立其小信号模型、灵敏度分析和根轨迹绘制,揭示了 FVI 相关控制参数对系统虚拟惯性的影响规律,进而得到对直流母线电压稳定性的影响规律,并为控制参数的选取提供依据。

在交流系统中,VSG 控制的有功-频率控制方程为:

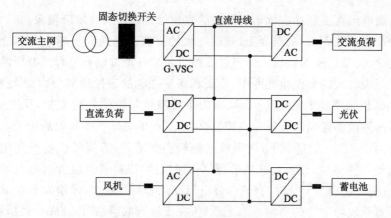

图 2-14 六端直流微电网拓扑

$$P_{\text{ref}} - P_{\text{m}} - K_{\text{d}}(\omega - \omega_{\text{n}}) = J\omega\frac{\mathrm{d}\omega}{\mathrm{d}t} \approx J\omega_{\text{n}}\frac{\mathrm{d}\omega}{\mathrm{d}t} \tag{2-12}$$

式中，ω 为系统角频率；ω_{n} 为公共母线额定角频率；P_{ref} 为有功功率设定值；P_{m} 为 DG 输出有功功率测量值；K_{d} 为阻尼系数；J 为虚拟转动惯量。

由于直流系统和交流系统间各变量存在对应关系，因此通过类比方法可以提出一种与交流系统中的虚拟同步发电机控制方法，即式（2-12）形式相似的直流微电网的 FVI 控制策略，虚拟惯性方程为：

$$i_{\text{dc}}^* - i_{\text{dc}} - k_{\text{G}}(v_{\text{dc}} - V_{\text{dc\_G}}^*) = C_v v_{\text{dc}}\frac{\mathrm{d}v_{\text{dc}}}{\mathrm{d}t} \approx C_v V_{\text{dc\_G}}^*\frac{\mathrm{d}v_{\text{dc}}}{\mathrm{d}t} \tag{2-13}$$

其中

$$C_v = \begin{cases} C_{v0} & \left|\dfrac{\mathrm{d}v_{\text{dc}}}{\mathrm{d}t}\right| < M \\[2ex] C_{v0} + k_1\left(\left|\dfrac{\mathrm{d}v_{\text{dc}}}{\mathrm{d}t}\right|\right)^{k_2} & \left|\dfrac{\mathrm{d}v_{\text{dc}}}{\mathrm{d}t}\right| \geqslant M \end{cases}$$

式中，i_{dc} 为从 DG 流向直流母线的电流；i_{dc}^* 为的参考值；k_{G} 为 G-VSC 下垂控制曲线的下垂系数；v_{dc} 为直流母线电压；$V_{\text{dc\_G}}^*$ 为直流母线电压的参考值；C_v 为虚拟电容值；C_{v0} 为系统在稳态时的虚拟电容值；M 为直流母线电压变化率的设定临界值；k_1、k_2 为相关参数。

由式（2-13）可知，直流微电网灵活虚拟惯性控制中的虚拟电容 C_v 反映了直流微电网的惯性大小，理论上 C_v 越大，系统惯性越强，越有利于提高直流母线电压的稳定性。当 $|\mathrm{d}v_{\text{dc}}/\mathrm{d}t| < M$ 时，C_v 等于固定值 C_{v0}，避免了 C_v 的频繁切换，保持系统正常运行。当 $|\mathrm{d}v_{\text{dc}}/\mathrm{d}t| > M$ 时，C_v 为包含 $|\mathrm{d}v_{\text{dc}}/\mathrm{d}t|$ 的表达式，此时通过改变 C_v 来调节 DG 的输出电流，进而调节直流微电网的惯性大小，有效抑制

了直流微电网在受到冲击扰动时出现的直流母线电压骤升骤降现象。

在控制参数 k_1、k_2 的选择上,规模越大的直流微电网容量越大,当系统受到小扰动时,需要系统提供较大的惯性支持以便较好地抑制直流母线电压的波动,因此在规模较大的直流微电网中,需要在保证系统稳定性的范围内增大 k_1 并减小 k_2 的取值来增加虚拟电容值,从而为系统提供较大的惯性支持,反之则可以适当减小系统的虚拟电容值。在控制参数 k_1、k_2 的具体大小选取原则上,主要考虑以下两点:① 一般情况下,当系统发生较小扰动时,直流母线电压变化率小,应选取较小的 k_2 值,使得虚拟电容能够迅速增加,以抑制直流母线电压的波动;② 当系统出现较大干扰时,直流母线电压变化率相对较大,须增大 k_2 值,以抑制大扰动对系统稳定性的影响。综上所述,在实际选取参数时,首先应根据系统的运行状态和暂态过程选取合适的 k_2 值,进而根据系统的稳定性要求、动态响应特性等约束对 k_1 值进行选取。

此外,并网变换器 G-VSC 作为直流微电网与交流主网的接口单元,其对控制能量交换、维持直流母线电压起着十分重要的作用,基于 FVI 的并网变换器控制策略如图 2-15 所示。图 2-15 中,i_{d_ref}、i_{q_ref} 为 d、q 轴参考电流,T_f 为滤波器时间常数,Δ 为 $|dv_{dc}/dt|$ 的设定临界值 M 与实际 $|dv_{dc}/dt|$ 之差,当 $\Delta > 0$ 时,

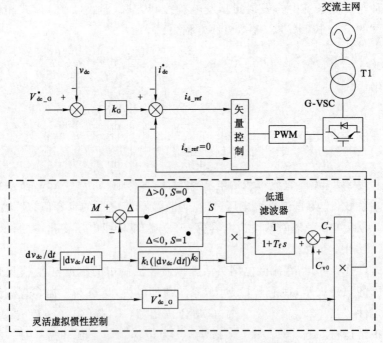

图 2-15　基于 FVI 的 G-VSC 控制框图

表示 $|dv_{dc}/dt| < M$, S 输出为 0,反之 S 输出为 1。

当 G-VSC 采用 FVI 控制时,首先将测量到的直流母线电压变化率的绝对值 $|dv_{dc}/dt|$ 与预先设定的临界值 M 进行比较,判断直流母线电压变化率的大小是否超出给定临界点。当系统正常运行时, $|dv_{dc}/dt| < M$, $S = 0$,虚拟电容的补偿环节不起作用,虚拟电容保持为稳态值 C_{v0}。当系统受到负荷突变或新能源发电单元的功率随机波动等扰动时, $|dv_{dc}/dt|$ 的值会变大,当超过临界值 M 时, $S=1$,虚拟电容补偿环节被激活, $|dv_{dc}/dt|$ 越大,虚拟电容也随之增大,相当于惯性增强,从而更好地抑制直流母线电压波动。

3 游梁式抽采机电动机的运行最优速度曲线控制

3.1 游梁抽采机电动机的运行最优速度曲线控制概述

常规游梁式抽采机是煤层气田地面直流微电网系统的供电对象,主要由电动机、四连杆机构、排水杆和排水泵等组成。其中,电动机是驱动游梁式抽采机运行的动力来源,实现了从电能到机械能的转化。在周期性变工况负荷作用下,电动机在一个工作周期(冲次)内交替运行于重载、轻载和发电工况。发电工况下电动机向母线馈能使母线电压升高,电动工况下母线又向电动机供能使得母线电压降低,造成母线电压波动剧烈。此外,电动机经常在重载和轻载之间切换,导致系统力能指标低下。为此,有必要深入分析游梁式抽采机电动机周期性变工况负荷产生的电压波动机理,以及电动机优化运行方案的可行性和对煤层气田地面直流微电网系统电压稳定的影响。

本章着重阐述了由游梁式抽采机电动机周期性变工况引起的直流母线电压波动及相关控制策略。首先,分别建立了游梁式抽采机四连杆机构和悬点载荷的动力学模型,推导了游梁式抽采机电动机的等效负载转矩模型;其次,分别建立了三相异步电机在三相静止坐标系、两相静止坐标系和同步旋转坐标系下的数学模型,推导得到了游梁式抽采机电动机的矢量控制数学模型;最后,提出了游梁式抽采机电动机运行的最优速度曲线控制策略,通过仿真和现场实测表明,电动机按该速度曲线运行时直流母线电压波动最小。

3.2 游梁式抽采机电动机的等效负载转矩模型

游梁式抽采机电动机等效负载转矩模型的建立需要以四连杆机构和悬点载荷的动力学分析为基础。首先,分别建立了游梁式抽采机四连杆机构和悬点载荷的动力学模型;其次,推导了游梁式抽采机电动机的等效负载转矩模型。

3.2.1 游梁式抽采机四连杆机构的动力学模型

四连杆机构是游梁式抽采机的重要结构特征,其物理意义是将曲柄侧圆周运动转换为驴头悬点侧上下直线往复运动。四连杆机构如图 3-1 所示,其中 R 为曲柄,P 为连杆,C 为游梁后臂,A 为游梁前臂,K 为基杆,O 为减速箱曲柄轴中心,O_1 为游梁支撑中心,H 为 O 到 O_1 的水平距离,I 为 O 到 O_1 的垂直距离。规定正方向如下:① 曲柄角位移 θ 从 12:00 点钟位置算起,顺时针方向为正;② 曲柄参考角 θ_2、连杆参考角 θ_3 和游梁后臂参考角 θ_4 均以 OO_1 为参考,逆时针方向为正;③ 驴头悬点运动方向垂直向上为正。

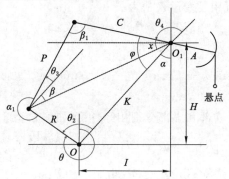

图 3-1 四连杆机构示意图

根据图 3-1 中的几何关系可得[117]:

$$\alpha = \sin^{-1}\left(\frac{I}{K}\right) \tag{3-1}$$

$$\theta_2 = 2\pi - \theta + \alpha \tag{3-2}$$

$$L = \sqrt{R^2 + K^2 - 2RK\cos\theta_2} \tag{3-3}$$

$$\beta = \sin^{-1}\left(\frac{R}{L}\sin\theta_2\right) \tag{3-4}$$

$$\theta_3 = \cos^{-1}\sqrt{\frac{P^2 + L^2 - C^2}{2PL}} - \beta \tag{3-5}$$

$$\beta_1 = \cos^{-1}\sqrt{\frac{P^2 + C^2 - L^2}{2PC}} \tag{3-6}$$

$$x = \cos^{-1}\sqrt{\frac{C^2 + L^2 - P^2}{2CL}} \tag{3-7}$$

$$\varphi = \beta + x \tag{3-8}$$

$$\theta_4 = \pi - \varphi \tag{3-9}$$

$$\alpha_1 = \beta_1 + \varphi + \theta_2 \tag{3-10}$$

式中，R、P、C、K 和 I 分别表示曲柄长度、连杆长度、游梁后臂长度、基杆长度和减速箱曲柄轴中心 O 到游梁支撑中心 O_1 的水平距离，单位均为 m；θ、θ_2、θ_3 和 θ_4 分别表示曲柄角位移、曲柄参考角、连杆参考角和游梁后臂参考角的大小，单位均为 rad；α 表示 K 与 H 夹角的大小；α_1 表示 P 与 R 夹角的大小；β 表示 K 与 L 夹角的大小；β_1 表示 P 与 C 夹角的大小；φ 表示 C 与 K 夹角的大小；x 表示 C 与 L 夹角的大小，单位均为 rad。

图 3-1 中存在如下矢量关系：

$$\boldsymbol{R} + \boldsymbol{P} = \boldsymbol{K} + \boldsymbol{C} \tag{3-11}$$

上述矢量关系可用复变量表示为：

$$Re^{j\theta_2} + Pe^{j\theta_3} = K + Ce^{j\theta_4} \tag{3-12}$$

对式(3-12)等号两边分别求导，得：

$$R\dot{\theta}_2 j\cos\theta_2 - R\dot{\theta}_2\sin\theta_2 + P\dot{\theta}_3 j\cos\theta_3 - P\dot{\theta}_3\sin\theta_3 = C\dot{\theta}_4 j\cos\theta_4 - C\dot{\theta}_4\sin\theta_4 \tag{3-13}$$

令式(3-13)中的实部和虚部分别相等，得到如下方程组：

$$\begin{cases} R\dot{\theta}_2\cos\theta_2 + P\dot{\theta}_3\cos\theta_3 = C\dot{\theta}_4\cos\theta_4 \\ R\dot{\theta}_2\sin\theta_2 + P\dot{\theta}_3\sin\theta_3 = C\dot{\theta}_4\sin\theta_4 \end{cases} \tag{3-14}$$

求解式(3-14)得：

$$\begin{cases} \dot{\theta}_3 = \dfrac{R}{P} \times \dfrac{\sin(\theta_4 - \theta_2)}{\sin(\theta_3 - \theta_4)} \times \dot{\theta}_2 \\[3mm] \dot{\theta}_4 = \dfrac{R}{C} \times \dfrac{\sin(\theta_3 - \theta_2)}{\sin(\theta_3 - \theta_4)} \times \dot{\theta}_2 \end{cases} \tag{3-15}$$

式中，$\dot{\theta}_2$、$\dot{\theta}_3$ 和 $\dot{\theta}_4$ 分别表示曲柄、连杆和游梁的角速度，单位均为 rad/s。

对式(3-15)求导，分别得到连杆和游梁的角加速度：

$$\begin{cases} \ddot{\theta}_3 = \dot{\theta}_3\left[\dfrac{\ddot{\theta}_2}{\dot{\theta}_2} - (\dot{\theta}_3 - \dot{\theta}_4)\cot(\theta_3 - \theta_4) + (\dot{\theta}_4 - \dot{\theta}_2)\cot(\theta_4 - \theta_2)\right] \\[5mm] \ddot{\theta}_4 = \dot{\theta}_4\left[\dfrac{\ddot{\theta}_2}{\dot{\theta}_2} - (\dot{\theta}_3 - \dot{\theta}_4)\cot(\theta_3 - \theta_4) + (\dot{\theta}_2 - \dot{\theta}_3)\cot(\theta_2 - \theta_3)\right] \end{cases} \tag{3-16}$$

式中，$\ddot{\theta}_2$、$\ddot{\theta}_3$ 和 $\ddot{\theta}_4$ 分别表示曲柄、连杆和游梁的角加速度，单位均为 rad/s²。

根据式(3-15)和式(3-16)可得悬点速度和加速度分别为：

$$v_c = A\dot{\theta}_4 = \frac{A \times R}{C} \times \frac{\sin(\theta_3 - \theta_2)}{\sin(\theta_3 - \theta_4)} \times \dot{\theta}_2 \tag{3-17}$$

$$a_c = A\ddot{\theta}_4$$

$$= \frac{A \times R}{C} \times \frac{\sin (\theta_3 - \theta_2)}{\sin (\theta_3 - \theta_4)} \times \begin{bmatrix} \ddot{\theta}_2 - \dot{\theta}_2 (\dot{\theta}_3 - \dot{\theta}_4) \cot (\theta_3 - \theta_4) + \\ \dot{\theta}_2 (\dot{\theta}_2 - \dot{\theta}_3) \cot (\theta_2 - \theta_3) \end{bmatrix} \quad (3\text{-}18)$$

式中，v_c 是悬点速度，m/s；a_c 是悬点加速度，m/s^2；A 代表游梁前臂长度，m。

游梁式抽采机四连杆机构中的驴头悬点运动到下死点和上死点两个极端位置时，游梁后臂 C 与基杆 K 的夹角分别为 φ_{max} 和 φ_{min}：

$$\begin{cases} \varphi_{max} = \cos^{-1} \left[\dfrac{C^2 + K^2 - (R+P)^2}{2CK} \right] \\ \varphi_{min} = \cos^{-1} \left[\dfrac{C^2 + K^2 - (P-R)^2}{2CK} \right] \end{cases} \quad (3\text{-}19)$$

根据式(3-19)可得驴头悬点冲程长度 S 为：

$$S = A \times (\varphi_{max} - \varphi_{min}) \quad (3\text{-}20)$$

假设以下死点为起点，驴头悬点运动方向垂直向上为正，则任意时刻悬点位移 S_x 为：

$$S_x = A \times (\varphi_{max} - \varphi) \quad (3\text{-}21)$$

以 CYJY4-1.5-9HB 型常规游梁式抽采机为例进行仿真研究，得到其四连杆机构悬点运动规律仿真结果如图 3-2 所示，图中实线表示 v_c，虚线表示 a_c。

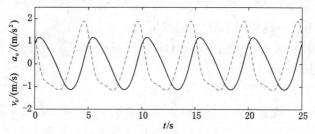

图 3-2　游梁式抽采机四连杆机构悬点运动规律

3.2.2　游梁式抽采机悬点载荷的动力学模型

游梁式抽采机一般由电动机、四连杆机构、排水杆和排水泵等组成。悬点载荷是标志游梁式抽采机工作能力的重要参数之一，主要包括静载荷和动载荷。静载荷是指游梁式抽采机停机时悬点所受的载荷[118]；动载荷是指悬点运动时所受的载荷[119]，包括惯性载荷和振动载荷。

（1）悬点静载荷的计算

悬点静载荷 P_J 的大小与游梁式抽采机是否运行无关，主要包括三个方面：排水杆柱重力 P_Z，作用方向向下；柱塞上端的静液柱载荷 P_L，作用方向向下；柱塞下端所受管外气柱和液柱的压力 P_H，作用方向向上。

① 排水杆柱重力

游梁式抽采机运行时,排水杆柱作往复运动,杆柱重量始终作用在驴头悬点上。上冲程时,由于游动阀关闭,导致管内液体浮力无法作用于杆柱,由此可得上冲程抽水杆柱重力:

$$P_{Z,up} = q_z g L \tag{3-22}$$

式中,$P_{Z,up}$ 为上冲程时抽水杆柱的重力,N;q_z 为每单位长度抽水杆柱质量,kg/m;g 为重力加速度,取 $g=9.81$ m/s²;L 为抽水杆柱长,m。

下冲程时,管内液体由于游动阀的开启使得浮力作用于排水杆柱,由此可得下冲程排水杆柱重力:

$$P_{Z,down} = q_{Z,down} g L \tag{3-23}$$

式中,$P_{Z,down}$ 为下冲程时抽水杆柱的重力,N;$q_{Z,down}$ 为每单位长度排水杆柱在井液中的质量,kg/m。

② 液柱载荷

上冲程时,由于游动阀关闭,使得柱塞上端产生作用方向向下的静液柱载荷:

$$P_L = (A_H - A)\rho_w g L \tag{3-24}$$

式中,P_L 为作用在柱塞上的液柱载荷,N;A_H 为柱塞截面积,m²;A 为抽水杆横截面积,m²;ρ_w 为煤层气井液体密度,通常取 $\rho_w = 1\,016$ kg/m³。

下冲程时,悬点由于游动阀的开启而不受液柱载荷作用,因此下冲程时作用在悬点上的液柱载荷为零。

③ 柱塞下端所受管外气柱和液柱的压力

上冲程时,柱塞下表面在固定阀开启的情况下,受到一定沉没度的管外液柱和动液面处作用的方向向下的压力 P_H。煤层气排采过程中存在单相水流动、气水两相流动和单相气体流动三个阶段。以气水两相流动阶段为例,上冲程时管外液柱对柱塞下端的压力为

$$p_H = A_H(\rho_m g h_c + p_G) \tag{3-25}$$

式中,ρ_m 为管外气水混合物密度,kg/m³;h_c 为泵沉没度,m;p_G 为动液面处压力,Pa。

在煤层气排采过程中,下冲程时柱塞下端由于固定阀的关闭,不受管外液柱施加的任何作用力。

结合上述分析可知,上、下冲程悬点静载荷 $P_{J,up}$、$P_{J,down}$ 分别为

$$\begin{cases} P_{J,up} = P_{Z,up} + P_L - P_H \\ = q_z g L + (A_H - A)\rho_w g L - A_H(\rho_m g h_c + p_G) \\ P_{J,down} = P_{Z,down} = q_{Z,down} g L \end{cases} \tag{3-26}$$

（2）悬点动载荷的计算

动载荷与液柱和杆柱的变速运动有关，主要包括惯性载荷和振动载荷，由于动载荷中振动载荷所占的比重较小，因此为了分析问题方便本书只考虑惯性载荷。

游梁式抽采机工作时，液柱和杆柱在悬点带动下以变速运动，会引起液柱和杆柱惯性力的产生。由于液柱和杆柱的弹性作用可以忽略，因此其运动学特性与悬点相同，由此可得液柱惯性力 $P_{I,1}$ 和杆柱惯性力 $P_{I,g}$ 为：

$$P_{I,1} = \frac{A_H - A}{A_G - A}a_c(A_H - A)\rho_w L \qquad (3\text{-}27)$$

$$P_{I,g} = a_c\rho AL \qquad (3\text{-}28)$$

式中，$P_{I,1}$、$P_{I,g}$ 分别表示液柱惯性力、杆柱惯性力，N；a_c 表示悬点加速度，m/s^2；ρ 表示抽水杆密度，kg/m^3；A_G 为流通断面面积，m^2。流通断面如图 3-3 所示。

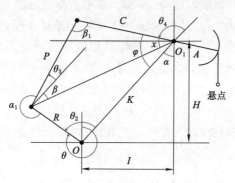

图 3-3　流通断面扩大图

上冲程时，液柱在排水杆柱带动下运动，由此可得惯性载荷：

$$P_{I,up} = P_{I,g} + P_{I,1} = \left[1 + \frac{\rho_w}{\rho}\cdot\frac{(A_H - A)^2}{A(A_G - A)}\right]\frac{P_z}{g}a_c \qquad (3\text{-}29)$$

式中，$P_{I,up}$ 为上冲程悬点惯性载荷，N。

下冲程时，液柱不随排水杆柱运动，其惯性载荷为

$$P_{I,down} = P_{I,g} = a_c\rho AL \qquad (3\text{-}30)$$

式中，$P_{I,down}$ 为下冲程悬点惯性载荷，N。

根据以上分析，由式（3-26）、式（3-27）和式（3-28）可得上、下冲程悬点载荷分别为

$$\begin{cases} P_{up} = P_{J,up} + P_{I,up} \\ P_{down} = P_{J,down} + P_{I,down} \end{cases} \qquad (3\text{-}31)$$

式中，P_{up}、P_{down} 分别为上、下冲程悬点载荷，N。

3.2.3　游梁式抽采机电动机的等效负载转矩模型

以曲柄为研究对象,综合考虑悬点载荷通过四连杆机构输出在曲柄轴上的扭矩和平衡块产生的平衡力矩,得到曲柄轴阻力矩为[120]:

$$M = (P - B) \cdot TF - M_c \sin(\theta - \tau) \tag{3-32}$$

式中,M 为曲柄轴阻力矩,$N \cdot m$;P 为悬点载荷,N,$P = P_{up} + P_{down}$;B 为结构不平衡重,N;TF 为扭矩因数,反映单位悬点载荷作用在曲柄轴上的力矩,$TF = \dfrac{A \times R}{C} \cdot \dfrac{\sin \alpha}{\sin \beta}$;$M_c$ 为平衡块作用在曲柄上的最大力矩,N;τ 为平衡块偏置角,rad。

考虑到排水杆载荷波动在一个冲次内的平均值近似为零,且电动机-齿轮箱之间为弹性皮带连接,以及四连杆轴承柔性连接均不同程度地削弱系统内部载荷波动对电机侧负载扭矩的影响。因此,本书着重关注游梁式抽采机电动机等效负载转矩模型的建立,对载荷内部变化规律不做过多探讨。为了分析问题方便,作出如下假设:① 电动机与皮带-齿轮箱机构连接松紧适度,大小皮带轮之间不存在打滑、丢转现象;② 忽略抽水杆振动对悬点载荷波动产生的影响;③ 由于皮带轮和减速箱构成的机械传动装置不可避免地存在能量损耗,为了简化分析,假设机械传动效率为 100%,这在理论分析中也是合理的。

根据能量守恒和机械功率与电动机转矩、机械角速度之间的关系可得:

$$T_L = \frac{M}{j} \tag{3-33}$$

$$\Omega_1 = j\Omega_M \tag{3-34}$$

式中,T_L 为游梁式抽采机的等效负载转矩,$N \cdot m$;j 为皮带-齿轮箱机构传动比;Ω_1、Ω_M 分别为电动机机械角速度和曲柄机械角速度,rad/s。

根据式(3-32)～式(3-34)所建立的游梁式抽采机电动机等效负载转矩模型,可得到如图 3-4 所示的游梁式抽采机电动机等效负载转矩仿真图形。从图中曲线可知,游梁式抽采机电动机的等效负载转矩具有周期性变工况负荷的特点。

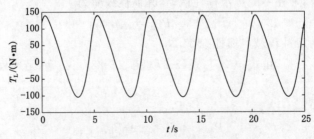

图 3-4　游梁式抽采机电动机等效负载转矩

3.3 游梁式抽采机电动机的矢量控制数学模型

驱动游梁式抽采机运行的电动机一般为鼠笼式三相异步电动机。由于三相异步电动机具有非线性、强耦合、高阶和多变量的特点,因此其电磁转矩是一个由定、转子磁链,定、转子电流和定、转子绕组参数构成的多元函数。首先,分别建立了三相异步电动机在三相静止坐标系、两相静止坐标系和同步旋转坐标系下的数学模型;其次,按转子磁场定向解耦了三相异步电动机定子电流的励磁分量和转矩分量,推导得到了游梁式抽采机电动机的矢量控制数学模型。

3.3.1 三相异步电动机在三相静止坐标系下的数学模型

为了分析问题方便,首先对三相异步电动机作出如下合理假设:① 三相定子绕组 sA、sB、sC 和三相转子绕组 ra、rb、rc 在空间上分别互差 120°;② 定、转子电流所产生的磁动势在气隙空间呈正弦规律分布;③ 忽略磁饱和、涡流和铁芯损耗等影响;④ 电机参数不受温升和频率变化等影响。三相异步电动机在三相静止坐标系下的物理模型如图 3-5 所示。

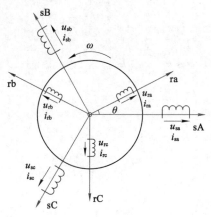

图 3-5 三相异步电动机在三相静止坐标系下的物理模型

需要注意的是,因为鼠笼式三相异步电动机的转子是短路的,因此转子端电压为零。

(1) 电压方程

$$
\begin{bmatrix} u_{sa} \\ u_{sb} \\ u_{sc} \\ 0 \\ 0 \\ 0 \end{bmatrix} = \begin{bmatrix} R_s & 0 & 0 & 0 & 0 & 0 \\ 0 & R_s & 0 & 0 & 0 & 0 \\ 0 & 0 & R_s & 0 & 0 & 0 \\ 0 & 0 & 0 & R_r & 0 & 0 \\ 0 & 0 & 0 & 0 & R_r & 0 \\ 0 & 0 & 0 & 0 & 0 & R_r \end{bmatrix} \cdot \begin{bmatrix} i_{sa} \\ i_{sb} \\ i_{sc} \\ i_{ra} \\ i_{rb} \\ i_{rc} \end{bmatrix} + p \begin{bmatrix} \Psi_{sa} \\ \Psi_{sb} \\ \Psi_{sc} \\ \Psi_{ra} \\ \Psi_{rb} \\ \Psi_{rc} \end{bmatrix} \tag{3-35}
$$

式中，u_{sa}、u_{sb}、u_{sc} 和 i_{sa}、i_{sb}、i_{sc} 分别为三相定子电压和定子电流，i_{ra}、i_{rb}、i_{rc} 为等效到定子侧的三相转子电流，Ψ_{sa}、Ψ_{sb}、Ψ_{sc} 为三相定子磁链，Ψ_{ra}、Ψ_{rb}、Ψ_{rc} 为等效到定子侧的三相转子磁链，p 为微分算子，R_s、R_r 分别为定子电阻和等效到定子侧的转子电阻。

（2）磁链方程

假设电压、电流和磁链的正方向符合右手螺旋法则，电动机定、转子绕组轴线按图 3-5 选取，可得电动机定、转子绕组磁链方程为

$$
\begin{bmatrix} \Psi_{sa} \\ \Psi_{sb} \\ \Psi_{sc} \\ \Psi_{ra} \\ \Psi_{rb} \\ \Psi_{rc} \end{bmatrix} =
$$

$$
\begin{bmatrix}
L_{s1}+L_{lm} & -\tfrac{1}{2}L_{lm} & -\tfrac{1}{2}L_{lm} & L_{lm}\cos\theta & L_{lm}\cos\left(\theta+\tfrac{2}{3}\pi\right) & L_{lm}\cos\left(\theta-\tfrac{2}{3}\pi\right) \\
-\tfrac{1}{2}L_{lm} & L_{s1}+L_{lm} & -\tfrac{1}{2}L_{lm} & L_{lm}\cos\left(\theta-\tfrac{2}{3}\pi\right) & L_{lm}\cos\theta & L_{lm}\cos\left(\theta+\tfrac{2}{3}\pi\right) \\
-\tfrac{1}{2}L_{lm} & -\tfrac{1}{2}L_{lm} & L_{s1}+L_{lm} & L_{lm}\cos\left(\theta+\tfrac{2}{3}\pi\right) & L_{lm}\cos\left(\theta-\tfrac{2}{3}\pi\right) & L_{lm}\cos\theta \\
L_{lm}\cos\theta & L_{lm}\cos\left(\theta-\tfrac{2}{3}\pi\right) & L_{lm}\cos\left(\theta+\tfrac{2}{3}\pi\right) & L_{r1}+L_{lm} & -\tfrac{1}{2}L_{lm} & -\tfrac{1}{2}L_{lm} \\
L_{lm}\cos\left(\theta+\tfrac{2}{3}\pi\right) & L_{lm}\cos\theta & L_{lm}\cos\left(\theta-\tfrac{2}{3}\pi\right) & -\tfrac{1}{2}L_{lm} & L_{r1}+L_{lm} & -\tfrac{1}{2}L_{lm} \\
L_{lm}\cos\left(\theta-\tfrac{2}{3}\pi\right) & L_{lm}\cos\left(\theta+\tfrac{2}{3}\pi\right) & L_{lm}\cos\theta & -\tfrac{1}{2}L_{lm} & -\tfrac{1}{2}L_{lm} & L_{r1}+L_{lm}
\end{bmatrix} \cdot \begin{bmatrix} i_{sa} \\ i_{sb} \\ i_{sc} \\ i_{ra} \\ i_{rb} \\ i_{rc} \end{bmatrix} \tag{3-36}
$$

式中，L_{1m} 为主磁通对应的定子电感；L_{sl}、L_{rl} 分别为定子漏感和等效到定子侧的转子漏感；θ 为定子轴 sA 和转子轴 ra 之间的空间位置角。

（3）转矩方程

$$T_e = n_p L_{lm} \Big[(i_{sa}i_{ra} + i_{sb}i_{rb} + i_{sc}i_{rc})\sin\theta + (i_{sa}i_{rb} + i_{sb}i_{rc} + i_{sc}i_{ra})\sin\left(\theta + \frac{2}{3}\pi\right)$$
$$+ (i_{sa}i_{rc} + i_{sb}i_{ra} + i_{sc}i_{rb})\sin\left(\theta - \frac{2}{3}\pi\right) \Big] \tag{3-37}$$

式中，n_p 为三相异步电动机极对数。

（4）运动方程

$$T_e - T_L = \frac{J}{n_p} \cdot \frac{\mathrm{d}^2\theta}{\mathrm{d}t^2} = \frac{J}{n_p} \cdot \frac{\mathrm{d}\omega_r}{\mathrm{d}t} \tag{3-38}$$

式中，T_e 为电磁转矩；ω_r 为转子旋转电角度。

3.3.2　三相异步电动机在两相静止坐标系下的数学模型

三相/两相定子绕组的静止坐标变换如图 3-6 所示。由图可知，定子 A 相轴线与静止两相坐标系的 α 轴重合，且 α 轴滞后 β 轴 90°。三相/两相静止坐标变换又叫 Clarke 变换。

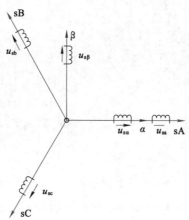

图 3-6　定子坐标系的三相/两相静止坐标变换示意图

假设电流、电压和磁链遵循同一个线性变换关系，由图 3-6 可得 Clarke 变换的一般关系式如下：

$$\begin{bmatrix} y_\alpha \\ y_\beta \end{bmatrix} = C_{3s/2s} \begin{bmatrix} y_a \\ y_b \\ y_c \end{bmatrix} = K_{32} \begin{bmatrix} 1 & -\dfrac{1}{2} & -\dfrac{1}{2} \\ 0 & \dfrac{\sqrt{3}}{2} & -\dfrac{\sqrt{3}}{2} \end{bmatrix} \begin{bmatrix} y_a \\ y_b \\ y_c \end{bmatrix} \tag{3-39}$$

$$\begin{bmatrix} y_a \\ y_b \\ y_c \end{bmatrix} = C_{2s/3s} \begin{bmatrix} y_\alpha \\ y_\beta \end{bmatrix} = K_{23} \begin{bmatrix} 1 & 0 \\ -\dfrac{1}{2} & \dfrac{\sqrt{3}}{2} \\ -\dfrac{1}{2} & -\dfrac{\sqrt{3}}{2} \end{bmatrix} \begin{bmatrix} y_\alpha \\ y_\beta \end{bmatrix} \tag{3-40}$$

式中，y 表示感应电机定、转子绕组的电压、电流和磁链向量；$C_{2s/3s}$、$C_{3s/2s}$ 表示坐标变换矩阵；K_{32}、K_{23} 表示坐标变换系数。

（1）电压方程

$$\begin{bmatrix} u_{s\alpha} \\ u_{s\beta} \\ 0 \\ 0 \end{bmatrix} = \begin{bmatrix} R_s + pL_s & 0 & pL_m & 0 \\ 0 & R_s + pL_s & 0 & pL_m \\ pL_m & \omega_r L_m & R_r + pL_r & \omega_r L_r \\ -\omega_r L_m & pL_m & -\omega_r L_r & R_r + pL_r \end{bmatrix} \cdot \begin{bmatrix} i_{s\alpha} \\ i_{s\beta} \\ i_{r\alpha} \\ i_{r\beta} \end{bmatrix} \tag{3-41}$$

式中，$u_{s\alpha}$、$u_{s\beta}$ 为两相静止坐标系下的定子电压；$i_{s\alpha}$、$i_{s\beta}$ 为两相静止坐标系下的定子电流；$i_{r\alpha}$、$i_{r\beta}$ 为两相静止坐标系下等效到定子侧的转子电流；L_m、L_s 和 L_r 分别为两相静止坐标系下定子与转子同轴等效绕组间的互感、定子等效绕组自感和转子等效绕组自感。

（2）磁链方程

$$\begin{bmatrix} \Psi_{s\alpha} \\ \Psi_{s\beta} \\ \Psi_{r\alpha} \\ \Psi_{r\beta} \end{bmatrix} = \begin{bmatrix} L_s & 0 & L_m & 0 \\ 0 & L_s & 0 & L_m \\ L_m & 0 & L_s & 0 \\ 0 & L_m & 0 & L_s \end{bmatrix} \cdot \begin{bmatrix} i_{s\alpha} \\ i_{s\beta} \\ i_{r\alpha} \\ i_{r\beta} \end{bmatrix} \tag{3-42}$$

式中，$\Psi_{s\alpha}$、$\Psi_{s\beta}$ 为两相静止坐标系下的定子磁链；$\Psi_{r\alpha}$、$\Psi_{r\beta}$ 为两相静止坐标系下等效到定子侧的转子磁链。

（3）转矩方程

$$T_e = n_p L_m (i_{s\beta} i_{r\alpha} - i_{s\alpha} i_{r\beta}) \tag{3-43}$$

3.3.3 三相异步电动机在同步旋转坐标系下的数学模型

定子绕组的两相静止/旋转坐标变换如图 3-7 所示。由图可知，两相旋转坐标系 sd-sq 以角速度 ω_s 旋转，$s\alpha$ 轴与 sd 轴间的位移角为 θ_1。

假设两相旋转系统的绕组匝数和磁动势与两相静止系统完全相同，那么就有如下的坐标变换即 Park 变换矩阵：

$$\begin{cases} C_{2r/2s} = \begin{bmatrix} \cos\theta_1 & -\sin\theta_1 \\ \sin\theta_1 & \cos\theta_1 \end{bmatrix} \\[2mm] C_{2s/2r} = \begin{bmatrix} \cos\theta_1 & \sin\theta_1 \\ -\sin\theta_1 & \cos\theta_1 \end{bmatrix} \end{cases} \tag{3-44}$$

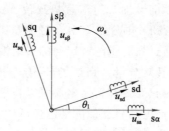

图 3-7　定子坐标系的两相静止/旋转坐标变换示意图

（1）电压方程

$$\begin{bmatrix} u_{sd} \\ u_{sq} \\ 0 \\ 0 \end{bmatrix} = \begin{bmatrix} R_s + pL_s & -\omega_s L_s & pL_m & -\omega_s L_m \\ \omega_s L_s & R_s + pL_s & \omega_s L_m & pL_m \\ pL_m & -\omega_{sl} L_m & R_r + pL_r & -\omega_{sl} L_r \\ \omega_{sl} L_m & pL_m & \omega_{sl} L_r & R_r + pL_r \end{bmatrix} \cdot \begin{bmatrix} i_{sd} \\ i_{sq} \\ i_{rd} \\ i_{rq} \end{bmatrix} \quad (3\text{-}45)$$

式中，i_{sd}、i_{sq} 分别是同步旋转坐标系下的定子 d 轴、q 轴电流；u_{sd}、u_{sq} 分别是同步旋转坐标系下的定子 d 轴、q 轴电压；i_{rd}、i_{rq} 为同步旋转坐标系下等效到定子侧的转子 d 轴、q 轴电流；ω_s 为定子旋转磁场同步角速度，$\omega_s = p\theta_1$；ω_{sl} 为定子转子转差角速度，$\omega_{sl} = \omega_s - \omega_r$。

（2）磁链方程

$$\begin{bmatrix} \Psi_{sd} \\ \Psi_{sq} \\ \Psi_{rd} \\ \Psi_{rq} \end{bmatrix} = \begin{bmatrix} L_s & 0 & L_m & 0 \\ 0 & L_s & 0 & L_m \\ L_m & 0 & L_s & 0 \\ 0 & L_m & 0 & L_s \end{bmatrix} \cdot \begin{bmatrix} i_{sd} \\ i_{sq} \\ i_{rd} \\ i_{rq} \end{bmatrix} \quad (3\text{-}46)$$

式中，Ψ_{sd}、Ψ_{sq} 为同步旋转坐标系下的定子 d 轴、q 轴磁链；Ψ_{rd}、Ψ_{rq} 为同步旋转坐标系下等效到定子侧的转子 d 轴、q 轴磁链。

（3）转矩方程

$$T_e = n_p L_m (i_{sq} i_{rd} - i_{sd} i_{rq}) \quad (3\text{-}47)$$

通过分析式（3-43）和式（3-47）可知，互换式（3-43）的下标 α、β 和式（3-47）的下标 d、q，可实现 α-β 坐标系下的转矩方程和 d-q 坐标系下的转矩方程之间的转换。通过两相静止向同步旋转的坐标变换，三相异步电动机的各物理量均已变为在空间上静止不动的直流量。

3.3.4　三相异步电动机矢量控制数学模型

利用同步坐标变换，将三相异步电动机的电压、电流和磁链转换到以转子磁链定向的 d-q 坐标系上。该 d-q 坐标系下，d 轴与转子磁链方向重合，q 轴与转矩电流方向重合,且 q 轴超前 d 轴 90°,这就是按转子磁链定向的矢量控制。由于在 d-q 坐标系下,定子电流 d 轴分量 i_{sd} 和 q 轴分量 i_{sq} 分别代表转子电流的励磁分量和转矩分量,因此通过按转子磁链定向的矢量控制,解耦了三相异步电动机定子电流的励磁分量和转矩分量。归纳起来,按转子磁链定向的矢量控制,通过保持励磁电流不变,使得只要控制转矩电流可以直接控制电磁转矩,目的是使三相异步电动机具有与直流电动机相似的动态控制性能。

按转子磁链方向定向后,转子磁链 q 轴分量为零,即 $\Psi_{rq} = 0$,根据式(3-45)和式(3-46)可得:

(1) 电压方程

$$\begin{cases} u_{sd} = (R_s + L_s\sigma p)i_{sd} - \sigma\omega_s L_s i_{sq} + \dfrac{L_m}{L_r}p\Psi_{rd} \\ u_{sq} = (R_s + L_s\sigma p)i_{sq} + \sigma\omega_s L_s i_{sd} + \dfrac{L_m}{L_r}\omega_s\Psi_{rd} \end{cases} \tag{3-48}$$

式中,σ 是电机漏感;$\sigma = 1 - L_m^2/L_r L_s$。

(2) 磁链方程

当转子磁链 Ψ_{rd} 保持不变时,此时转子磁链 Ψ_{rd} 与转子电流 i_{rd} 无关,仅由定子电流励磁分量 i_{sd} 决定,因此有下式:

$$\Psi_{rd} = L_m i_{sd} + L_r i_{rd} = L_m i_{sd} \tag{3-49}$$

当转子磁链 Ψ_{rd} 变化时,此时励磁电流 i_{sd} 的变化会引起转子磁链的变化:

$$\Psi_{rd} = \frac{L_m}{1 + \tau_r p}i_{sd} \tag{3-50}$$

式中,τ_r 是转子绕组时间常数,$\tau_r = L_r/R_r$。

(3) 转矩方程

当转子磁链 Ψ_{rd} 保持不变时,可得:

$$T_e = n_p \frac{L_m}{L_r}\Psi_{rd} i_{sq} \tag{3-51}$$

从式(3-50)和式(3-51)可知,由于采用了按转子磁场定向的矢量控制,使得定子电流的励磁分量 i_{sd} 决定了转子磁链 Ψ_{rd} 的大小,而定子电流的转矩分量 i_{sq} 和转子磁链 Ψ_{rd} 共同决定了电磁转矩的大小。通过保证转子磁链 Ψ_{rd} 不变,使得只要控制 i_{sq} 就可以直接控制电磁转矩,这样就实现了定子电流励磁分量和转矩分量的解耦,从而达到对三相异步电动机进行精确控制与调速的目的。按转子磁场定向的游梁式抽采机电动机矢量控制模型如图 3-8 所示。

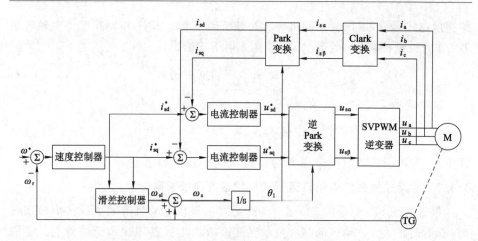

图 3-8 按转子磁场定向的游梁式抽采机电动机矢量控制系统框图

3.4 游梁式抽采机电动机运行的最优速度曲线控制

通过按转子磁链定向的矢量控制,游梁式抽采机电动机的转速可以被精确调节。然而,在周期性变工况负荷作用下,任意给出的一条电动机运行速度曲线都可能使煤层气田地面直流微电网系统的母线电压产生不同程度的波动。因此,有必要优化电动机的运行速度曲线,以及探讨煤层气田地面直流微电网系统的电压稳定控制策略。

3.4.1 游梁式抽采机电动机矢量控制系统的速度控制器设计

这里给出一种按给定加速度变化的电动机运行矢量控制策略,以保证游梁式抽采机电动机的转速可以被精确调节,其中速度控制器的设计如图 3-9 所示。图中,Ω_1^*、Ω_1 分别表示游梁式抽采机电动机的参考速度和实际运行速度,T_e^* 表示电动机参考电磁转矩,K_i、K_p 分别表示速度控制器的积分系数和比例系数。

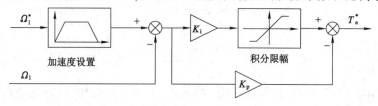

图 3-9 速度控制器框架图

由图 3-9 可知,通过给定加速度,游梁式抽采机电动机按给定加速度作用下的速度曲线运行,以保证电动机的转速被精确调节。图中,电动机参考电磁转矩 T_e^* 作为矢量控制的一个输入,其表达式由下式给出:

$$T_e^* = \left(K_p + \frac{K_i}{p} \right)(\Omega_1^* - \Omega_1) \tag{3-52}$$

游梁式抽采机电动机的转子运动方程式可以表示为:

$$T_e - T_L - f\Omega_1 = J_1 \frac{\mathrm{d}\Omega_1}{\mathrm{d}t} = J_1 \alpha \tag{3-53}$$

式中,J_1 为转子转动惯量;f 为摩擦系数;α 为电机角加速度。

3.4.2 游梁式抽采机电动机运行的最优速度曲线求解

根据式(3-32)~式(3-34)建立的游梁式抽采机电动机等效负载转矩模型可知,游梁式抽采机电动机的等效负载转矩具有周期性变工况负荷的特点。在周期性变工况负荷作用下,导致直流供电侧即煤层气田地面直流微电网系统的母线电压剧烈波动。由于游梁式抽采机电动机的等效负载转矩中谐波含量占 20%左右,可近似认为其等效负载转矩是一条正弦曲线,于是有下式:

$$T_L \approx T_m \sin \omega t \tag{3-54}$$

式中,T_m 为负载转矩峰值;ω 为冲次周期。

稳态情况下一个周期(冲次)内电动机的等效负载转矩和任意一条运行速度曲线如图 3-10 所示。图中,α_d、α_u 分别表示一个周期(冲次)内的下、上冲程电动机加速度。

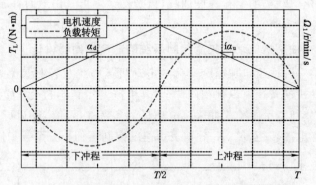

图 3-10　电动机的等效负载转矩和运行速度曲线

由图 3-10 可知,一个周期(冲次)内的上、下冲程时间相等,且电动机运行速度具有周期性,即 $\Omega_1(t) = \Omega_1(t+nT)$,因此有下式:

$$\alpha_d \cdot \frac{T}{2} - \alpha_u \cdot \frac{T}{2} = 0 \tag{3-55}$$

$$\alpha_d = \alpha_u = \alpha \tag{3-56}$$

式中，T 表示一个周期。由式（3-56）可知，一个周期（冲次）内的上、下冲程加速度相等。

稳态情况下电动机的负载转矩和电磁转矩如图 3-11 所示。由图 3-11 可知，下冲程电动机加速运行，电磁转矩大于负载转矩，上冲程电动机减速运行，电磁转矩小于负载转矩，电动机的电磁转矩与图 3-10 中电动机的运行速度相对应。

对图 3-11 进一步分析可知，下冲程（t_1，t_2）、以及上冲程（$T/2$，t_3）和（t_4，T）共计 3 个时间段的电磁转矩均小于 0，说明上述 3 个时间段的电磁转矩已从电动力矩变为制动力矩，其方向与电动机的运行速度方向相反，游梁式抽采机电动机运行于发电工况，将导致直流供电侧母线电压升高。除此之外的其他时间，由于电动机的电磁转矩与运行速度方向相同，电磁转矩又从制动力矩变为电动力矩，直流供电侧母线向电动机供能，将导致母线电压降低。

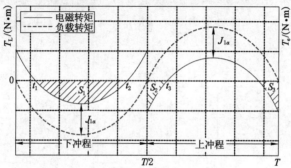

图 3-11 电动机的电磁转矩与负载转矩

由图 3-11 还可以看出，阴影部分 S_1、S_2、S_3 分别表示（t_1，t_2）、（$T/2$，t_3）和（t_4，T）这 3 个时间段的电磁转矩与 t 轴所围面积。根据电磁转矩和负载转矩关系可得 $S_2 = S_3$，因此本书只讨论 S_1 和 S_2。由图 3-11 可得：

$$\begin{cases} S_1 = \displaystyle\int_{t_1}^{t_2} T_e \mathrm{d}t \\ S_2 = \displaystyle\int_{\frac{T}{2}}^{t_3} T_e \mathrm{d}t \end{cases} \tag{3-57}$$

式中，t_1、t_2、t_3 表示图 3-11 中电磁转矩过零的时间点。

将式（3-54）代入式（3-53），整理后可得（以一个周期为例）：

$$\begin{cases} T_e = T_L + f\Omega_1 + J_1\alpha_1 \approx T_m\sin\omega t + J_1\alpha & 0 \leqslant t \leqslant \dfrac{T}{2} \\ T_e = T_L + f\Omega_1 - J_1\alpha_1 \approx T_m\sin\omega t - J_1\alpha & \dfrac{T}{2} \leqslant t \leqslant T \end{cases} \tag{3-58}$$

式中，$f\Omega_1$ 所代表的摩擦阻力矩由于在负载转矩中所占比重很小，因此为分析问题方便可以忽略不计。

令式(3-58)取值为零，解得：

$$\begin{cases} t_1 = -\dfrac{1}{\omega}\arcsin\dfrac{J_1\alpha}{T_m} \\[2mm] t_2 = \dfrac{\pi}{\omega} + \dfrac{1}{\omega}\arcsin\dfrac{J_1\alpha}{T_m} \\[2mm] t_3 = \dfrac{\pi}{\omega} - \dfrac{1}{\omega}\arcsin\dfrac{J_1\alpha}{T_m} \end{cases} \qquad (3\text{-}59)$$

直流供电侧母线与逆变器-电动机系统的能量流动如图 3-12 所示，图中 C_{bus}、U_{bus} 和 i_{bus} 分别表示直流供电侧母线电容、直流母线电压和电流。由图分析可知周期性变工况负荷产生的母线电压波动机理为：游梁式抽采机电动机交替运行于电动和发电工况，使得直流母线电流 i_{bus} 周期性双向流动，造成游梁式抽采机电动机与直流供电侧母线不断交换能量，最终导致直流供电侧母线电压剧烈波动。

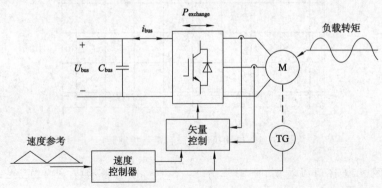

图 3-12　直流供电侧母线与逆变器-电动机系统的能量流动示意图

需要说明的是，对于电压型逆变器，交流侧为电动机等阻感性负载时需要提供无功功率，直流供电侧电容起缓冲无功能量的作用；直流母线电压波动越剧烈，表明直流供电侧电容处理的无功功率越大，当系统提供的有功功率一定时，无功越大，功率因数越低；此外，直流母线电压波动增大会引起交流侧电动机的定子电流增大，使电动机定子铜损变大，效率降低，功率因数和效率的降低会使感应电机的力能指标降低，因此母线电压波动剧烈将导致系统效率降低。

根据直流供电侧母线电容电压和电流关系(VCR)可得：

$$\Delta U_{bus} = \frac{1}{C_{bus}}\int i_{bus}\,\mathrm{d}t \qquad (3\text{-}60)$$

式中，ΔU_{bus}为直流母线电压波动值。

将式(3-51)、式(3-57)和式(3-59)代入式(3-60)得：

$$\Delta U_{bus\_1} = \frac{L_r}{n_p L_m \Psi_{rd} C_{bus} K} \left\{ \frac{2T_m}{\omega} \sqrt{1 - \left(\frac{J_1 \alpha}{T_m}\right)^2} - \frac{J_1 \alpha}{\omega} \left[\pi - 2\arcsin\left(\frac{J_1 \alpha}{T_m}\right) \right] \right\}$$

$$(3-61)$$

$$\Delta U_{bus\_2} = \frac{L_r}{n_p L_m \Psi_{rd} C_{bus} K} \left\{ \frac{T_m}{\omega} \left[\sqrt{1 - \left(\frac{J_1 \alpha}{T_m}\right)^2} + 1 \right] + \frac{J_1 \alpha}{\omega} \arcsin\left(\frac{J_1 \alpha}{T_m}\right) \right\}$$

$$(3-62)$$

式中，ΔU_{bus_1}、ΔU_{bus_2}分别表示图3-11中阴影部分S_1、S_2所对应的直流母线电压波动；K与矢量控制坐标变换有关，可看作常数。

式(3-61)和式(3-62)进一步揭示了直流母线电压波动ΔU_{bus}与游梁式抽采机电动机运行加速度α之间的映射关系。由式(3-61)和式(3-62)可构造如下关于游梁式抽采机电动机运行加速度α的直流母线电压波动差绝对值函数：

$$\Delta U = \left| \Delta U_{bus\_1} - \Delta U_{bus\_2} \right|$$

$$= \left| \frac{L_r}{n_p L_m \Psi_{rd} C_{bus} K} \left\{ \frac{T_m}{\omega} \left[\sqrt{1 - \left(\frac{J_1 \alpha}{T_m}\right)^2} - 1 \right] - \frac{J_1 \alpha}{T_m} \left[\pi - \arcsin\left(\frac{J_1 \alpha}{T_m}\right) \right] \right\} \right|$$

$$(3-63)$$

式中，ΔU为直流母线电压波动差绝对值。

由于式(3-63)是绝对值函数，因此在对式(3-63)进行分段处理的基础上给出其极值点表达式：

$$T_m = T_m \sqrt{1 - \left(\frac{J_1 \alpha_0}{T_m}\right)^2} - J_1 \pi \alpha_0 + J_1 \alpha_0 \arcsin\left(\frac{J_1 \alpha_0}{T_m}\right) \qquad (3-64)$$

式中，α_0为使ΔU取值最小的极值点，当$\alpha = \alpha_0$时，有$\Delta U = 0$。

进一步地，可将直流母线电压波动差绝对值函数ΔU分为三段：

$$\Delta U = \begin{cases} \Delta U_{bus\_1} > \Delta U_{bus\_2} & \alpha < \alpha_0 \\ \Delta U_{bus\_1} = \Delta U_{bus\_2} & \alpha = \alpha_0 \\ \Delta U_{bus\_1} < \Delta U_{bus\_2} & \alpha > \alpha_0 \end{cases} \qquad (3-65)$$

根据式(3-65)可构造最大电压波动函数$\max\{\Delta U_{bus\_1}, \Delta U_{bus\_2}\}$：

$$\max\{\Delta U_{bus\_1}, \Delta U_{bus\_2}\} = \begin{cases} \Delta U_{bus\_1} & \alpha < \alpha_0 \\ \Delta U_{bus\_1} / \Delta U_{bus\_2} & \alpha = \alpha_0 \\ \Delta U_{bus\_2} & \alpha > \alpha_0 \end{cases} \qquad (3-66)$$

通过分析式(3-61)、式(3-62)和式(3-66)可得最大电压波动函数$\max\{\Delta U_{bus\_1}, \Delta U_{bus\_2}\}$的单调性，如表3-1所示。

表 3-1　最大电压波动函数 max$\{\Delta U_{bus\_1}, \Delta U_{bus\_2}\}$单调性

$\alpha < \alpha_0$	$\alpha = \alpha_0$	$\alpha > \alpha_0$
max$' < 0$	max$' = 0$	max$' > 0$

表 3-1 中，max$'$表示最大电压波动函数 max$\{\Delta U_{bus\_1}, \Delta U_{bus\_2}\}$的导数。由表可知，$\alpha = \alpha_0$是最大电压波动函数 max$\{\Delta U_{bus\_1}, \Delta U_{bus\_2}\}$的极小值点，也就是当 $\alpha = \alpha_0$时，一个周期（冲次）内的直流母线电压波动最小。因此，通过游梁式抽采机电动机的运行加速度 α_0，可以求解出游梁式抽采机电动机的运行最优速度曲线。

由于能量守恒，直流母线电压波动增大会导致电动机定子电流增大，从而导致电动机定子铜损增大；此外，直流母线电压波动越大，表明逆变器直流供电侧电容与电动机交换的无功功率越大。因此，游梁式抽采机电动机按最优速度曲线运行，也明显有利于系统节能。游梁式抽采机电动机的运行最优速度曲线控制策略如图 3-13 所示。

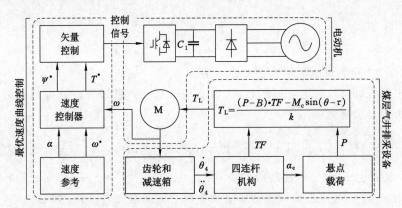

图 3-13　游梁式抽采机电动机的运行最优速度曲线控制策略框图

3.4.3　仿真与现场试验分析

（1）仿真分析

利用 MATLAB/Simulink 搭建了基于最优速度曲线的游梁式抽采机电动机矢量控制系统。其中，CYJY4-1.5-9HB 型常规游梁式抽采机和三相异步电动机的参数分别见表 3-2 和表 3-3。

表 3-2 CYJY4-1.5-9HB 型常规游梁式抽采机参数

曲柄/m	0.65
连杆/m	1.95
基杆/m	2.40
游梁后臂/m	1.35
游梁前臂/m	1.50
悬点冲程/m	1.52

表 3-3 三相异步电动机参数

额定功率/kW	11
极对数	2
额定电压/V	380
额定频率/Hz	50
定子电阻/mΩ	14.85
转子电阻/mΩ	9.295
定子电感/mH	0.302 7
转子电感/mH	0.302 7
定转子互感/mH	10.46
等效转动惯量/kg·m²	3.1

结合表 3-2 和表 3-3 给出的参数，计算得到游梁式抽采机电动机的运行最优加速度 $\alpha_0 = 240$ r/min/s。图 3-14(a)给出了游梁式抽采机电动机运行在 $\alpha_0 = 240$ r/min/s 下的直流供电侧母线电压，同时给出另外两组加速度值（$\alpha_1 = 230$ r/min/s 和 $\alpha_2 = 250$ r/min/s）作一比较，分别见图 3-14(b)和图 3-14(c)。由图 3-14 可知：① 当游梁式抽采机电动机运行于最优加速度 $\alpha_0 = 240$ r/min/s 时，直流供电侧母线电压 u_{DC} 最高达到 650 V；② 当分别运行于 $\alpha_1 = 230$ r/min/s 和 $\alpha_2 = 250$ r/min/s 时，直流母线电压最大值达到 670 V。

为了对不同加速度取值下直流供电侧母线电压的波动规律做一梳理，给出如图 3-15 所示游梁式抽采机电动机运行加速度与直流供电侧母线电压最大波动之间关系的曲线。由图可知：① 当游梁式抽采机电动机的运行加速度取 $\alpha_0 = 240$ r/min/s 时，直流供电侧母线电压波动最小；② 游梁式抽采机电动机的运行加速度取值离最优加速度 α_0 越远，直流供电侧母线电压波动越大。

（2）现场试验

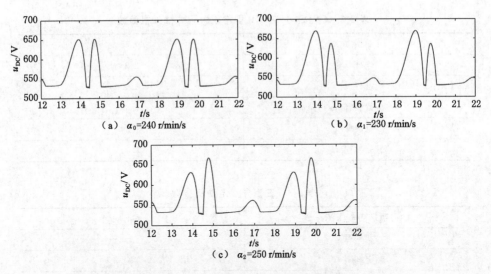

图 3-14 不同加速度取值下的直流供电侧母线电压

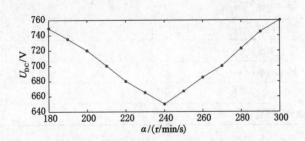

图 3-15 不同加速度取值下的直流供电侧母线电压波动规律

以 1 台 YVP180L-8、11 kW 矢量控制变频调速感应电机驱动的 CYJY4-1.5-9HB 型常规游梁式抽采机为例进行现场试验,游梁式抽采机及其感应电机矢量控制系统如图 3-16 所示。游梁式抽采机的参数如下:曲柄 R 为 0.65 m,连杆 P 为 1.95 m,基杆 K 为 2.40 m,游梁后臂 C 为 1.35 m,游梁前臂 A 为 1.50 m,悬点冲程 S 为 1.522 m。现场试验所在的郑庄片区 191# 井参数如下:井深 515 m,泵挂位置 461.1 m,杆径 19.1 m,管径 73 mm,井液密度 1 000 kg/m³,等效曲柄配重 11 000 N,冲次 5 s。

不同加速度取值下直流供电侧母线电压波动仿真与实测数据的对比如图 3-17 所示。图中,实线代表现场实测结果,虚线代表仿真分析结果。由图可知:① 游梁式抽采机电动机运行于最优加速度时,直流供电侧母线电压的波动最小;② 大小或小于最优加速度,直流供电侧母线电压的波动都会变大,同时电压不平衡度也会变大;③ 现场试验与仿真分析的结果基本吻合。

（a）游梁式抽采机　　　（b）矢量控制系统

图 3-16　现场试验装置

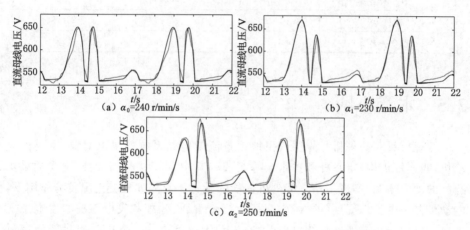

图 3-17　不同加速度取值下的直流供电侧母线电压现场实测结果

（3）节能效果

利用 Fluke 电能质量分析仪测试了郑庄片区 142# 井、144# 井、153# 井和 172# 井在不同运行速度下的游梁式抽采机电动机有功功率、无功功率和视在功率，测试结果见表 3-4。由表可知，由于采用最优速度曲线控制，使得游梁式抽采机电动机的有功、无功和视在功率均有较为明显的下降，下降幅度在 10% 左右。

表 3-4　不同运行速度下的有功、无功和视在功率

		240 r/min/s	230 r/min/s	250 r/min/s
	有功功率/kW·h	40.862	46.368	49.824
142# 井	无功功率/kvar	35.263	38.304	40.896
	视在功率/kV·A	60.312	66.816	68.256

表 3-4(续)

		240 r/min/s	230 r/min/s	250 r/min/s
144#井	有功功率/kW·h	28.432	34.848	36.663
	无功功率/kvar	23.625	27.936	30.992
	视在功率/kV·A	43.244	49.824	50.432
153#井	有功功率/kW·h	20.166	23.044	25.872
	无功功率/kvar	18.632	21.312	25.792
	视在功率/kV·A	32.793	38.592	40.352
172#井	有功功率/kW·h	22.322	26.496	27.072
	无功功率/kvar	21.634	26.208	26.496
	视在功率/kV·A	35.258	41.762	45.216

3.5　本章小结

常规游梁式抽采机是煤层气田地面直流微电网系统的供电对象,主要由电动机、四连杆机构、排水杆和排水泵等组成。其中,电动机是驱动游梁式抽采机运行的动力来源,实现了从电能到机械能的转化。在周期性变工况负荷作用下,电动机在一个工作周期(冲次)内交替运行于重载、轻载和发电工况。发电工况下电动机向母线馈能使母线电压升高,电动工况下母线又向电动机供能使得母线电压降低,造成母线电压波动剧烈。

对于由分布式电源功率波动、交直流电网功率交换不平衡引起的扰动型波动,以及由多变换器系统级联相互作用引起的振荡型波动,研究较为全面和深入。但是,鲜有研究涉及由周期性变工况引起的直流母线电压波动及电压稳定控制方法。为此,本章着重阐述了由游梁式抽采机电动机周期性变工况引起的直流母线电压波动及相关控制策略。首先,分别建立了游梁式抽采机四连杆机构和悬点载荷的动力学模型,推导了游梁式抽采机电动机的等效负载转矩模型;其次,分别建立了三相异步电机在三相静止坐标系、两相静止坐标系和同步旋转坐标系下的数学模型,推导得到了游梁式抽采机电动机的矢量控制数学模型;最后,提出了游梁式抽采机电动机运行的最优速度曲线控制策略,通过仿真和现场实测表明,电动机按该速度曲线运行时直流母线电压波动最小。

4　直流微电网供电下多台游梁式抽采机的协调运行控制

4.1　直流微电网供电下多台游梁式抽采机的协调运行控制概述

通过对煤层气开采供电系统进行直流化改造,构建包含 DERs、储能单元和游梁式抽采机的直流微电网系统可具备如下显著优势:① 直流微电网不存在涡流损耗、无功环流、频率和功角稳定性等问题;② 直流微电网与交流主网通过 PWM 整流器连接,可实现网侧单位功率因数运行,且 PWM 整流器能有效隔离交流主网扰动;③ 直流微电网仅需一级变换器便能实现与分布式电源和负载的连接,省去了不必要的功率变换环节,功率密度和系统效率得到提高;④ 直流微电网既可以并网也可以孤岛方式运行,供电可靠性大幅提高。但是,在周期性变工况负荷作用下,电动机在一个工作周期(冲次)内交替运行于重载、轻载和发电工况,使得母线电压波动剧烈。尤其是当直流微电网供电下的多台游梁式抽采机同时运行时,会进一步引起母线电压剧烈波动。为此,本章着重探讨了直流微电网供电下多台游梁式抽采机同时运行引起的电压波动及协调运行控制策略。首先,在分析由多台游梁式抽采机同时运行引起的直流微电网母线电压波动时,除了考虑单一周期性变工况负荷外,还要考虑多负荷同时运行的时序和方向;其次,建立了计及单一负荷特点、以及多负荷同时运行存在的时序和方向的统一负荷模型,研究了统一负荷模型作用下的直流母线电压波动机理,提出了一种为解决直流母线电压波动的多负荷协调运行控制策略。

除了考虑周期性变工况负荷外,还要结合分布式电源变化功率、交直流电网不平衡流动功率,从源-网-荷的角度出发进一步研究煤层气开采直流微电网系统的电压波动机理及稳定控制方法。为此,本章尝试建立了包含变换器控制层、负荷功率平衡层和母线功率控制层的母线电压分层控制结构,提出了一种煤层气开采直流微电网系统母线电压的稳定控制方法。

4.2 煤层气开采直流微电网系统概述

大电网中交流的主导地位已经形成,但是对于关注需求侧响应的配电网来说,构建包含分布式发电、蓄电池以及本地负荷的直流微电网将是比较理想的方案。鉴于此,通过对煤层气开采供电系统进行直流化改造,本书旨在构建包含DERs、储能单元和游梁式抽采机的煤层气开采直流微电网系统。

4.2.1 直流微电网与传统交流供电系统的比较

通过对煤层气开采供电系统进行直流化改造,构建包含 DERs、储能单元和游梁式抽采机的直流微电网系统可具备如下显著优势:① 直流微电网不存在涡流损耗、无功环流、频率和功角稳定性等问题;② 直流微电网与交流主网通过PWM 整流器连接,可实现网侧单位功率因数运行,且 PWM 整流器能有效隔离交流主网扰动;③ 直流微电网仅需一级变换器便能实现与分布式电源和负载的连接,省去了不必要的功率变换环节,功率密度和系统效率得到提高;④ 直流微电网既可以并网也可以孤岛方式运行,供电可靠性大幅提高。直流微电网与传统交流供电系统的比较,如表 4-1 所示。

表 4-1 直流微电网与传统交流供电系统的比较

	优 势	劣 势
传统交流供电系统	① 可利用现有网络 ② 交流设备(如交流断路器、变压器等)较为成熟可靠 ③ 交流网络理论和技术较为完备	① 供电线路长、供电半径大、供电线路架设难度大 ② 需要配置大量变压器,有功和无功损耗大
直流微电网	① 不存在涡流损耗、无功环流、频率和功角稳定性问题 ② PWM 整流器可实现网侧单位功率因数运行,且能有效隔离交流主网扰动 ③ 省去了不必要的功率变换环节,功率密度和系统效率得到提高 ④ 既可以并网也可以孤岛运行,供电可靠性大幅提高	① 直流设备(如直流断路器、固态变压器等核心组网设备)目前仍处于研发阶段,缺少大规模应用 ② 直流微电网理论和技术仍需进一步发展和丰富

4.2.2 煤层气开采直流微电网系统的构成

本书旨在通过对煤层气开采供电系统进行直流化改造,构建了一种包含

DERs、储能单元和游梁式抽采机的煤层气开采直流微电网系统,如图 4-1 所示。该系统包括网侧 PWM 整流单元、光伏发电单元、蓄电池储能单元以及由逆变器-电动机系统驱动的游梁式抽采机。其中,网侧 PWM 整流单元采用单相 1φ10 kV/3φ660 V 或 380 V 交流主网配接 PWM 双向 AC/DC 变换器方案,交流主网通过网侧 PWM 整流单元向直流微电网系统提供支撑;光伏发电单元采用最大功率点跟踪模式(MPPT)工作;蓄电池储能单元通过充放电控制维持微电网系统能量平衡;直流微电网系统的供电对象是两台由逆变器-电动机系统驱动的游梁式抽采机。

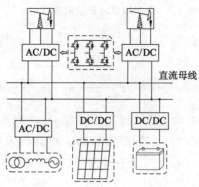

图 4-1　煤层气开采直流微电网系统的构成

4.2.3　煤层气开采直流微电网系统电压等级的确定

煤层气开采直流微电网系统的母线电压是衡量系统内有功功率平衡的唯一指标,也是维持系统稳定的关键参数。为了确定煤层气开采直流微电网系统的母线电压等级,本节拟从以下几方面综合考虑:

(1) 煤层气开采直流微电网系统的供电半径

煤层气开采直流微电网系统的供电半径与母线电压存在如下关系:

$$P_{\max} = \frac{\Delta\mu \times S \times U_{\mathrm{bus}}^2}{2\kappa L} \tag{4-1}$$

式中,U_{bus} 为直流母线电压,V;$P_{\max}$ 为直流微电网系统最大功率,kW;S 为输电导体的横截面积,mm^2;κ 为电导率,Ω/km;L 为供电半径,km;$\Delta\mu$ 为压降系数。

由式(4-1)可知,与交流供电系统类似,煤层气开采直流微电网系统的供电半径与母线电压存在相互制约关系。煤层气井间距离一般为 200~300 m;以 6~10 口井作为一个供电单元为例,负荷总功率约为 45 kW;供电半径为 0.6~1.5 km;输电导线采用钢芯铝绞线,电导率约为 0.6 Ω/km,导线横截面积为 50 mm^2;压降系数取 0.05。将以上参数代入式(4-1),经过计算可得直流母线电压

U_{bus}的合理范围是 400～800 V。

（2）电气绝缘保护的要求

从电力系统继电保护的角度可知，较低的电压等级不仅可以更好地保障电网安全稳定运行，还能降低器件的绝缘要求，从而减少一次投资成本。

表 4-2 给出了交流和直流系统的电压等级标准。由表 4-2 可知，针对我国现有配电系统，Band Ⅰ等级过低，不能满足要求，因此需要在 Band Ⅱ 的电压范围内选择直流母线电压等级。

表 4-2　交流和直流系统电压等级标准

类型	Band Ⅰ	Band Ⅱ
交流	0～50 V	50～1 000 V
直流	0～120 V	120～1 500 V

（3）游梁式抽采机电动机输入电压的要求

游梁式抽采机由逆变器-电动机系统驱动，电动机采用三相异步电动机，向三相异步电动机供电的三相电压型桥式逆变器当采用 180°导电方式时，其输出线电压的基波有效值为：

$$U_{UV1} = 0.78U_{bus} \tag{4-2}$$

式中，U_{UV1}表示三相电压型桥式逆变器输出线电压的基波有效值；U_{bus}表示直流母线电压。

若令 U_{bus}=550 V，代入式(4-2)，得到输出线电压的基波有效值 U_{UV1}=429 V。

当三相电压型桥式逆变器采用空间矢量 PWM 时，在欠调制区结束时最大基波幅值可达到方波输出时的 90.7%，即调制参数满足下式：

$$m' = \frac{\hat{V}^*}{U_{UV1}} = 0.907 \tag{4-3}$$

式中，m' 表示调制参数；$\hat{V}^*$ 表示相电压峰值。

将 U_{UV1}=429 V 代入式(4-3)，得到相电压峰值 $\hat{V}^*$ = 389.1 V，满足 380 V 电动机的输入电压要求。综合上述分析，取直流母线电压 U_{bus}=550 V。

4.3　游梁式抽采机的等效模型

常规游梁式抽采机是煤层气开采直流微电网系统的供电对象，主要由电动机、四连杆机构、排水杆和排水泵等组成。本节将游梁式抽采机进一步等效分解为电动机-齿轮箱模型、四连杆机构模型和井下负荷模型,并推导得到了曲柄侧等效负荷模型。

4.3.1　电动机-齿轮箱模型

本书着重关注游梁式抽采机电动机等效负载转矩模型的建立,对载荷内部变化规律不做过多探讨。为了分析问题方便,作出如下假设:① 电动机与皮带-齿轮箱机构连接松紧适度,大小皮带轮之间不存在打滑、丢转现象;② 忽略抽水杆振动对悬点载荷波动产生的影响;③ 由于皮带轮和减速箱构成的机械传动装置不可避免地存在能量损耗,为了简化分析,假设机械传动效率为100%,这在理论分析中也是合理的。

三相异步电动机是驱动游梁式抽采机运行的动力来源,实现了从电能到机械能的转化。游梁式抽采机电动机的电压方程由下式给出:

$$\begin{bmatrix} u_s \\ u_r \end{bmatrix} = \begin{bmatrix} R_s & 0 \\ 0 & R_r \end{bmatrix}\begin{bmatrix} i_s \\ i_r \end{bmatrix} + p\begin{bmatrix} L_s & M_{sr} \\ M_{rs} & L_r \end{bmatrix}\begin{bmatrix} i_s \\ i_r \end{bmatrix} \tag{4-4}$$

式中,u_s、u_r为定、转子端电压列向量;R_s、R_r为定、转子电阻矩阵,3×3阶;i_s、i_r为定、转子电流列向量;L_s为定子自感矩阵,3×3阶,对角线元素 $L_s = L_{ss} + M_s$;L_r为转子自感矩阵;M_{sr}为转子绕组对定子绕组互感矩阵,3×3阶;M_{rs}为定子绕组对转子绕组互感矩阵,$M_{rs} = M_{sr}^T$。

将式(4-4)中的 6×6 阶电感矩阵整体记为 L,得到游梁式抽采机电动机的电磁转矩和转子运动方程式:

$$\begin{cases} T_e = \dfrac{n_p}{2}\begin{bmatrix} i_s & i_r \end{bmatrix}\dfrac{\partial L}{\partial \theta}\begin{bmatrix} i_s \\ i_r \end{bmatrix} \\ T_e - T_L - f\Omega_1 = J_1 \dfrac{d\Omega_1}{dt} \end{cases} \tag{4-5}$$

式中,T_e是电动机的电磁转矩。

皮带-齿轮箱属于传动装置,根据假设③有下式:

$$\begin{cases} T_L = \dfrac{M}{k} \\ \Omega_1 = k\Omega_M \end{cases} \tag{4-6}$$

式中,T_L为游梁式抽采机的等效负载转矩,N·m;k为皮带-齿轮箱传动比;Ω_1、Ω_M分别为电动机机械角速度和曲柄机械角速度,r/min。

4.3.2　四连杆机构模型

由图3-1可知,四连杆机构的运动学模型由式(4-7)给出:

$$\begin{cases} \alpha = \sin^{-1}\left(\dfrac{I}{K}\right) \\[2mm] \theta_2 = 2\pi - \theta + \alpha \\[2mm] L = \sqrt{R^2 + K^2 - 2RK\cos\theta_2} \\[2mm] \beta = \sin^{-1}\left(\dfrac{R}{L}\sin\theta_2\right) \\[2mm] \theta_3 = \cos^{-1}\sqrt{\dfrac{P^2 + C^2 - L^2}{2PC}} - \beta \\[3mm] \beta_1 = \cos^{-1}\sqrt{\dfrac{P^2 + C^2 - L^2}{2PC}} \\[3mm] x = \cos^{-1}\sqrt{\dfrac{C^2 + L^2 - P^2}{2CL}} \\[3mm] \varphi = \beta + x \\[2mm] \theta_4 = \pi - \varphi \\[2mm] \alpha_1 = \beta_1 + \varphi + \theta_2 \end{cases} \tag{4-7}$$

根据以上四连杆机构的运动学模型,可以得到四连杆机构的动力学模型:

$$\begin{cases} v_c = A\dot{\theta}_4 \\[2mm] a_c = A\ddot{\theta}_4 \end{cases} \tag{4-8}$$

式中,v_c 是悬点速度;a_c 是加速度;θ_4 是游梁后臂参考角。

4.3.3 井下负荷模型与曲柄侧等效负荷

不同于带式输送机等恒转矩负荷,又区别于水泵、风机等恒功率负荷,游梁式抽采机在一个周期(冲次)内的悬点载荷由悬点加速度和井下负荷决定。为了分析问题方便,可将井下排水杆和泵筒简化为质块 m 的垂直运动模型:与重力加速度 g 有关的部分称为静载荷;与悬点加速度 a_c 有关的部分称为动载荷。由此可得悬点载荷为

$$P = m_1 g + m_2 a_c \tag{4-9}$$

式中,m_1、m_2 表示质块质量,其值根据上下冲程确定,具体计算方法见图 4-2。

由悬点载荷 P,可进一步得到游梁式抽采机的曲柄侧等效负荷 M:

$$M = (P - B) \cdot TF - M_c \sin(\theta - \tau) \tag{4-10}$$

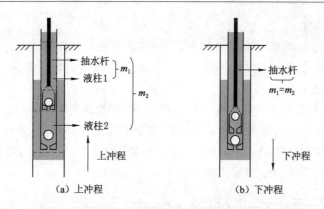

图 4-2 上、下冲程对应质块质量示意图

4.4 直流微电网供电下多台游梁式抽采机的协调运行控制

在周期性变工况负荷作用下,电动机在一个工作周期(冲次)内交替运行于重载、轻载和发电工况,使得母线电压波动剧烈。尤其是当直流微电网供电下的多台游梁式抽采机同时运行时,会引起母线电压进一步剧烈波动。为此,本节探讨了直流微电网供电下多台游梁式抽采机同时运行引起的电压波动及协调运行控制策略。首先,在分析由多台游梁式抽采机同时运行引起的直流微电网母线电压波动时,除了考虑单一周期性变工况负荷外,还要考虑多负荷同时运行的时序和方向;其次,建立了计及单一负荷特点、以及多负荷同时运行存在的时序和方向的统一负荷模型,研究了统一负荷模型作用下的直流母线电压波动机理,提出了一种为解决直流母线电压波动的多负荷协调运行控制策略。

4.4.1 恒加速度控制

这里给出一种与第 3 章类似的电动机运行矢量控制策略,以保证游梁式抽采机电动机的转速可以被精确调节,其中速度控制器的设计如图 3-9 所示。图中,Ω_1^*、Ω_1 分别表示游梁式抽采机电动机的参考速度和实际运行速度,K_i、K_p 分别表示速度控制器的积分系数和比例系数,T_e^* 表示电动机的参考电磁转矩。

4.4.2 多台游梁式抽采机的协调运行控制

在探讨直流微电网供电下多台游梁式抽采机同时运行引起的电压波动及协调运行控制策略之前,为了分析问题方便,有必要作出如下说明和假设:

① 本章以图 4-1 所示的直流微电网供电下 2 台游梁式抽采机的协调运行控

制为例进行研究；

② 假设 2 台游梁式抽采机的参数、使用寿命和井下负荷状况完全相同；

③ 2 台游梁式抽采机均采用 4.4.1 节介绍的电动机运行矢量控制策略，且给定加速度相同；

④ 除了考虑单一周期性变工况负荷外，还要考虑多负荷同时运行的时序和方向，因此，在游梁式抽采机电动机周期性变工况负荷作用下，假设 2 台游梁式抽采机之间的运行间隔 1/2 个周期（冲次），如图 4-3 所示。由图可知，1 号游梁式抽采机运行超前 2 号游梁式抽采机 1/2 个周期（冲次）。

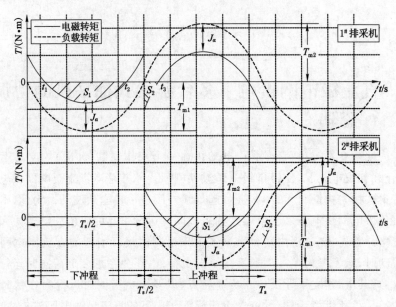

图 4-3　电动机的负载转矩与电磁转矩

由图 4-3 可得出如下结论：① 2 台游梁式抽采机电动机的负载转矩相同，但是运行间隔 $T_s/2$ 个周期；② 由于游梁式抽采机在上、下死点之间往复运动，使得下、上冲程的加速度相等，且等于 α；③ 由于平衡块的存在，使得游梁式抽采机电动机的等效负载转矩 T_L 是一条近似正弦的曲线，其表达式如下：

$$T_L = \frac{M}{j} = \begin{cases} -T_{m1}\sin\omega t & t \in \left[nT_s, nT_s + \dfrac{T_s}{2}\right] \\ -T_{m2}\sin\omega t & t \in \left[nT_s + \dfrac{T_s}{2}, (n+1)T_s\right] \end{cases} \tag{4-11}$$

式中，j 是曲柄侧到电动机侧的传动比；T_{m1}、T_{m2} 分别表示下冲程和上冲程的负载转矩峰值，其中 $T_{m1} < T_{m2}$；$\omega = 2\pi/T_s$，T_s 表示游梁式抽采机的一个周期（冲

次);n 为整数,且 $n \geqslant 0$。

由图 4-3 可知,2 台游梁式抽采机在一个周期(冲次)内各有 3 个时间段的电磁转矩小于 0,说明这 3 个时间段的电磁转矩已从电动力矩变为制动力矩,其方向与电动机运行速度相反,其方向与电动机的运行速度方向相反,游梁式抽采机电动机运行于发电工况,将导致直流供电侧母线电压升高。除此之外的其他时间,由于电动机的电磁转矩与运行速度方向相同,电磁转矩又从制动力矩变为电动力矩,直流供电侧母线向电动机供能,将导致母线电压降低。因此,考虑建立计及单一负荷特点、以及多负荷同时运行存在的时序和方向的统一负荷模型,探讨统一负荷模型作用下的直流母线电压波动机理,进一步提出一种为解决直流母线电压波动的多负荷协调运行控制策略。

由图 4-3 可知,阴影部分 S_1、S_2、S_3 分别表示 (t_1, t_2)、$(T_s/2, t_3)$ 和 (t_4, T_s) 这 3 个时间段的电磁转矩与 t 轴所围面积。根据电磁转矩和负载转矩关系可得 $S_2 = S_3$,因此本书只讨论 S_1 和 S_2。由图 4-3 可得:

$$\begin{cases} S_1 = \displaystyle\int_{t_1}^{t_2} T_e \mathrm{d}t \\ S_2 = \displaystyle\int_{\frac{T_s}{2}}^{t_3} T_e \mathrm{d}t \end{cases} \tag{4-12}$$

由于 2 台游梁式抽采机均采用了电动机运行矢量控制策略,所以电动机的电磁转矩与定子电流转矩分量成正比,因此可得下式:

$$\begin{cases} \Delta U_{dc1} = \dfrac{K}{C} S_1 \\ \Delta U_{dc2} = \dfrac{K}{C} S_2 \end{cases} \tag{4-13}$$

式中,ΔU_{dc1}、ΔU_{dc2} 分别表示由 S_1、S_2 引起的直流母线电压波动;C 表示直流母线电容;K 是与坐标变换及矢量控制有关的常数。

由式(4-13)可知,在保证 2 台游梁式抽采机之间的运行间隔 1/2 个周期(冲次)前提下,为使直流母线电压波动最小,必须满足 $S_1 = 0$ 且 S_2 尽量小,即有下列不等式:

$$J\alpha \geqslant T_{m1} \tag{4-14}$$

式中,J 表示游梁式抽采机电动机的等效转动惯量。

此时 $\Delta U_{dc1} = 0$,为使 ΔU_{dc2} 最小,有:

$$\alpha_{min} = \dfrac{T_{m1}}{J} \tag{4-15}$$

式中,α_{min} 表示使 ΔU_{dc2} 最小的游梁式抽采机电动机的运行最优加速度。

因此,通过游梁式抽采机电动机的运行最优加速度 α_{min},可以求解出游梁式

抽采机电动机的运行最优速度曲线。直流微电网供电下多台游梁式抽采机的协
调运行控制策略如图 4-4 所示。

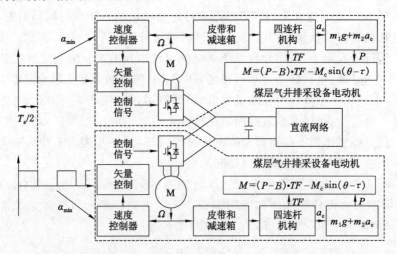

图 4-4　直流微电网供电下多台游梁式抽采机的协调运行控制策略框图

4.4.3　仿真与现场试验分析

（1）仿真分析

利用 MATLAB/Simulink 搭建了直流微电网供电下多台游梁式抽采机协
调运行控制的仿真模型（以 2 台游梁式抽采机为例），常规游梁式抽采机和三相
异步电动机的参数分别同表 3-2 和表 3-3。结合相关仿真参数，计算得到直流微
电网供电下多台游梁式抽采机协调运行的最优加速度 $\alpha_{\min} = 293$ r/min/s。
图 4-5(a)给出了游梁式抽采机电动机运行在 $\alpha_{\min} = 293$ r/min/s 下的直流母线
电压，同时给出另外两组加速度值（$\alpha_1 = 320$ r/min/s 和 $\alpha_2 = 350$ r/min/s）作一
比较，分别见图 4-5(b)和图 4-5(c)。由图 4-6 可知：① 当游梁式抽采机电动机
运行于最优加速度 $\alpha_{\min} = 293$ r/min/s 时，直流母线电压最高达到 605 V，随着加
速度取值变化，直流母线电压波动随之增加；② 当分别运行于 $\alpha_1 = 320$ r/min/s
和 $\alpha_2 = 350$ r/min/s 时，直流母线电压最高分别达到 625 V 和 805 V，相较于
$\alpha_{\min} = 293$ r/min/s 时电压波动分别增加 4% 和 40%。

为了对不同加速度取值下直流母线电压的波动规律做一梳理，给出如
图 4-6 所示游梁式抽采机电动机运行加速度与直流母线电压最大波动之间关系
的曲线。由图可知：① 当游梁式抽采机电动机的运行加速度取 $\alpha_{\min} = 293$
r/min/s时，直流供电侧母线电压波动最小；② 游梁式抽采机电动机的运行加速
度取值离最优加速度 $\alpha_{\min}$ 越远，直流母线电压波动越大。

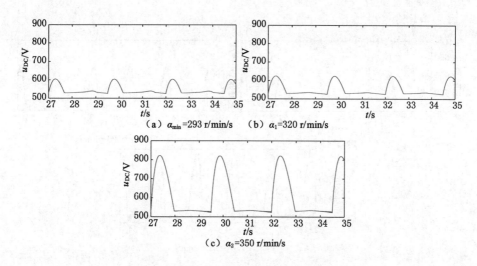

（a）α_{min}=293 r/min/s　（b）α_1=320 r/min/s

（c）α_2=350 r/min/s

图 4-5　不同加速度取值下的直流母线电压

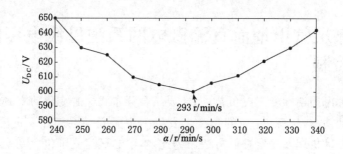

图 4-6　不同加速度取值下的直流母线电压波动规律

（2）现场试验

以郑庄片区 142# 井和 144# 井的 2 台 YVP180L-8、11 kW 矢量控制变频调速感应电机驱动的 CYJY4-1.5-9HB 型常规游梁式抽采机为例进行现场试验，不同加速度取值下直流母线电压波动仿真与实测数据的对比如图 4-7 所示。图中，实线代表现场实测结果，虚线代表仿真分析结果。由图可知：① 游梁式抽采机电动机运行于最优加速度时，直流供电侧母线电压的波动最小；② 大小或小于最优加速度，直流供电侧母线电压的波动都会变大，同时电压不平衡度也会变大；③ 现场试验与仿真分析的结果基本吻合。

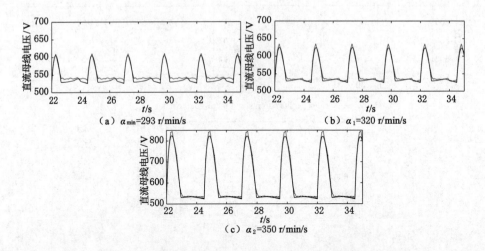

图 4-7　不同加速度取值下的直流母线电压现场实测结果

4.5　煤层气田地面直流微电网系统母线电压的稳定控制

　　除了考虑周期性变工况负荷外,还要结合分布式电源变化功率、交直流电网不平衡流动功率,从源-网-荷的角度出发进一步研究煤层气开采直流微电网系统的电压波动机理及稳定控制方法。为此,本节尝试建立了包含变换器控制层、负荷功率平衡层和母线功率控制层的母线电压分层控制结构,提出了一种煤层气开采直流微电网系统母线电压的稳定控制方法。

4.5.1　母线电压分层控制结构

　　一种用于煤层气开采的直流微电网系统如图 4-8 所示。图中,光伏电池单元、储能单元和驱动游梁式抽采机运行的逆变器-电动机单元分别与直流母线相连,交流主网通过隔离变压器和并网接口变换器与直流微电网系统相连。结合直流微电网的系统损耗和绝缘要求,直流母线电压等级选取范围一般为 400～800 V。考虑到煤层气田地面直流微电网系统通过三相 PWM 变换器实现与 380 V 交流主网连接时,逆变器出口电压应保证在 380 V 附近,因此确定直流母线电压在 500～600 V 之间。

　　直流微电网内各单元的作用和特点见表 4-2。

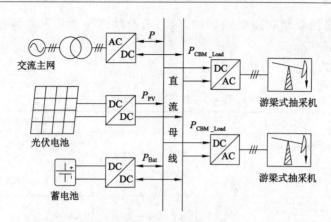

图 4-8　一种用于煤层气开采的直流微电网系统

表 4-2　直流微电网内各单元的作用和特点

	蓄电池储能单元	光伏电池单元	负荷单元
作用和特点	与光伏电池并联连接于直流母线,用于平衡母线功率,实现输出稳压	运行于最大功率点跟踪 MPPT 模式,与蓄电池储能单元并联连接于直流母线,若母线电压超过最大允许值且功率无法释放,转换为恒压模式	由驱动游梁式抽采机运行的逆变器-电动机系统组成,周期性变工况负荷会导致直流母线电压波动

忽略线路和开关损耗,孤岛状态下的直流母线交换功率为

$$\Delta P = \Delta P_{\text{Bat}} = P_{\text{PV}} - P_{\text{CBM\_Load}} \tag{4-16}$$

式中,ΔP 表示直流微电网系统的能量变化;ΔP_{Bat} 表示蓄电池的能量;P_{PV} 和 $P_{\text{CBM\_Load}}$ 分别表示光伏电池和游梁式抽采机的功率。

煤层气开采直流微电网系统的母线电压分层控制结构如图 4-9 所示。由图

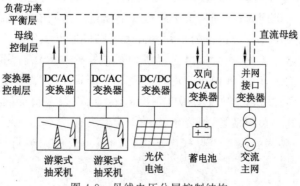

图 4-9　母线电压分层控制结构

可知,该分层控制结构由变换器控制层、负荷功率平衡层和母线功率控制层组成。

各层的方法及目的见表 4-3。

表 4-3 各层的方法及目的

	变换器控制层	负荷功率平衡层	母线功率控制层
方法	① 改变移相角 ② 改变占空比 ③ 改变开关频率	多台游梁式抽采机的协调运行	① 分析微源-负荷-微电网动态关系 ② 切换不同工作模式
目的	① 实现光伏电池 MPPT ② 蓄电池充放电 ③ 并网接口变换器能量双向流动	最大程度抑制负荷总功率波动	① 母线电压稳定 ② 系统功率平衡

4.5.2 母线电压稳定控制策略

(1)变换器控制层

变换器控制层的作用是对煤层气开采直流微电网系统的蓄电池储能双向 DC/DC 变换器、光伏电池 DC/DC 变换器和并网接口 DC/AC 变换器进行控制,各部分控制框图如图 4-10 所示。其中,蓄电池储能双向 DC/DC 变换器通过 PWM 互补控制实现蓄电池的充电与放电;光伏电池 DC/DC 变换器采用 MPPT 算法实现光伏功率最大输出;并网接口 DC/AC 变换器除可工作于待机模式外,还可通过控制交流主网 d 轴和 q 轴分量实现直流微电网与交流主网之间的能量双向流动。

(2)负荷功率平衡层

在周期性变工况负荷作用下,电动机在一个工作周期(冲次)内交替运行于重载、轻载和发电工况,使得母线电压波动剧烈。尤其是当直流微电网供电下的多台游梁式抽采机同时运行时,会引起母线电压进一步剧烈波动。为此,拟在负荷功率平衡层采用 4.4 节讨论的一种直流微电网供电下多台游梁式抽采机的协调运行控制策略。首先,在分析由多台游梁式抽采机同时运行引起的直流微电网母线电压波动时,除了考虑单一周期性变工况负荷外,还要考虑多负荷同时运行的时序和方向;其次,建立了计及单一负荷特点、以及多负荷同时运行存在的时序和方向的统一负荷模型,研究了统一负荷模型作用下的直流母线电压波动机理,提出了一种为解决直流母线电压波动的多负荷协调运行控制策略,如图 4-4 所示。

(3)母线功率控制层

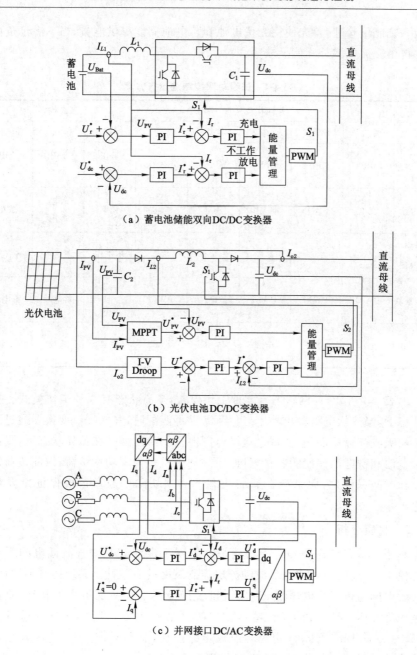

（a）蓄电池储能双向DC/DC变换器

（b）光伏电池DC/DC变换器

（c）并网接口DC/AC变换器

图 4-10 变换器控制层

　　母线功率控制层根据微源-负荷-微电网动态关系,通过切换不同工作模式确保母线电压稳定和系统功率平衡,母线功率控制层运行方案见表4-4。为了优化系统能量管理,首先使用光伏电池和蓄电池储能提供能量,当不满足负荷需求时再由交流主网补充能量缺额。

表 4-4　母线功率控制层运行方案

	并网状态					孤岛状态		
	模式 1	模式 2	模式 3	模式 4	模式 5	模式 6	模式 7	模式 8
光伏电池	MPPT	MPPT	MPPT	MPPT	不工作	恒压控制	MPPT	MPPT
蓄电池	充电	不工作	不工作	放电	充电	充电	充电/放电	放电
并网变换器	逆变	整流/逆变	整流	不工作	整流	不工作	不工作	不工作
稳压模块	PWM	PWM	PWM	蓄电池	PWM	光伏电池	蓄电池	蓄电池
负荷	全部	全部	全部	全部	全部	重要	重要	重要

由表 4-4 可知,并网状态有 5 种工作模式,孤岛状态有 3 种工作模式。在并网状态下,当光伏电池输出功率与负荷需求不匹配时,并网接口变换器通过从交流主网吸收或释放能量,实现直流微电网能量供给平衡。在孤岛状态下,受制于光伏电池和蓄电池储能的容量,且游梁式抽采机多为大功率负荷,因此负荷需求难以长时间保证,为此系统在孤岛状态下必须切除一般负荷而保证重要负荷供电。

4.5.3　仿真分析

利用 MATLAB/Simulink 搭建了上述用于煤层气开采直流微电网系统的仿真模型,验证直流母线电压波动分层控制策略的有效性。系统仿真参数如下:直流微电网通过三相电压型 PWM 并网变换器与 380 V 交流主网相连,直流母线电压为 600 V,10 kW 光伏电池发电单元和蓄电池储能单元分别通过升压 Boost 和双向 Buck/Boost 电路与直流母线连接,驱动 CYJY4-1.5-9HB 型常规游梁式抽采机运行的感应电机额定功率为 7.5 kW。

（1）并网状态

并网模式下,系统功率和直流母线电压由交流主网和储能单元共同维持,此时系统具有较强的功率分配能力,可满足分布式电源的最大消纳和全部游梁式抽采机的正常运行。图 4-11 所示为并网状态下的系统运行特性。

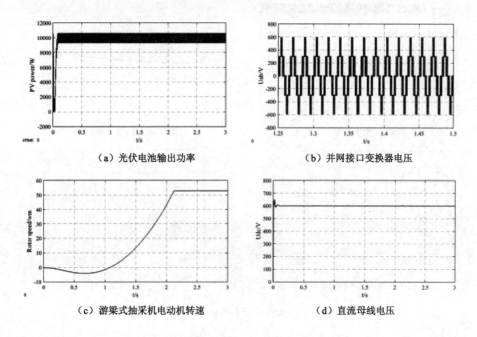

（a）光伏电池输出功率　　　　　　　（b）并网接口变换器电压

（c）游梁式抽采机电动机转速　　　　（d）直流母线电压

图 4-11　并网状态下的系统运行特性

由图 4-11 可知，并网状态下交流主网和蓄电池储能单元共同维持直流母线电压稳定，光伏电池发电单元能够稳定提供 10 kW 输出，根据微源-负荷-微网动态变化关系直流微电网系统可以在各工作模式间任意切换，通过平衡交流主网与负荷功率差额使得直流母线电压始终保持在 600 V 左右。

（2）孤岛状态

孤岛状态下，直流微电网失去了交流主网的支撑，系统功率平衡和直流母线电压稳定性将由光伏电池发电单元和蓄电池储能单元共同维持。此外，受限于光伏电池发电单元和蓄电池储能单元容量及系统功率调节能力，孤岛状态下需切除部分负荷。图 4-12 所示为孤岛状态下的系统运行特性。

由图 4-12 可知，孤岛状态下随着光照强度与负荷功率动态关系变化，光伏电池发电单元和蓄电池储能单元会在不同工作模式下切换以维持直流微电网系统正常运行，由于缺少交流主网的支撑，直流母线电压会在一定范围内波动。

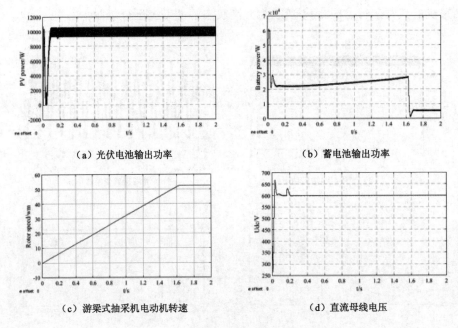

（a）光伏电池输出功率　　　　　　　　　（b）蓄电池输出功率

（c）游梁式抽采机电动机转速　　　　　　　（d）直流母线电压

图 4-12　孤岛状态下的系统运行特性

4.6　本章小结

　　通过对煤层气田地面供电系统进行直流化改造,构建包含 DERs、储能单元和游梁式抽采机的直流微电网系统可具备如下显著优势:① 直流微电网不存在涡流损耗、无功环流、频率和功角稳定性等问题;② 直流微电网与交流主网通过 PWM 整流器连接,可实现网侧单位功率因数运行,且 PWM 整流器能有效隔离交流主网扰动;③ 直流微电网仅需一级变换器便能实现与分布式电源和负载的连接,省去了不必要的功率变换环节,功率密度和系统效率得到提高;④ 直流微电网既可以并网也可以孤岛方式运行,供电可靠性大幅提高。但是,在周期性变工况负荷作用下,电动机在一个工作周期(冲次)内交替运行于重载、轻载和发电工况,使得母线电压波动剧烈。尤其是当直流微电网供电下的多台游梁式抽采机同时运行时,会进一步引起母线电压剧烈波动。为此,本章着重探讨了直流微电网供电下多台游梁式抽采机同时运行引起的电压波动及协调运行控制策略。首先,在分析由多台游梁式抽采机同时运行引起的直流微电网母线电压波动时,除了考虑单一周期性变工况负荷外,还要考虑多负荷同时运行的时序和方向;其次,建立了计及单一负荷特点、以及多负荷同时运行存在的时序和方向的统一负荷模型,研究了统一负荷模型作用下的直流母线电压波动机理,提出了一种为解决直流母线电压波动的多负荷协调运行控制策略。

　　除了考虑周期性变工况负荷外,还要结合分布式电源变化功率、交直流电网不平衡流动功率,从源-网-荷的角度出发进一步研究煤层气田地面直流微电网系统的电压波动机理及稳定控制方法。为此,本章尝试建立了包含变换器控制层、负荷功率平衡层和母线功率控制层的母线电压分层控制结构,提出了一种煤层气田地面直流微电网系统母线电压的稳定控制方法。

　　上述研究为煤层气开采直流微电网系统电压稳定与控制提供了有益的探索。

5 煤层气开采直流微电网系统的模型建立、稳定性分析与控制

5.1 煤层气开采直流微电网系统的模型建立、稳定性分析与控制概述

　　利用既有交流线路改造而来的煤层气开采供电系统，虽然结构简单、设备成熟可靠，但电能损耗严重，仅电费支出一项就达生产成本一半以上，给相关企业带来了较大的经济负担，严重制约了煤层气产业的高质量发展。具体表现在：① 当前煤层气开采交流供电系统供电半径较大、供电线路较长，以晋城蓝焰煤层气公司沁水片区为例，其中 10 kV 供电线路全长 290 km，400 V 线路全长 600 km，冗长的供电线路不仅带来了高昂的建设成本，还会产生大量涡流损耗和无功环流，导致电能严重浪费；② 采用 35 kV 变电/10 kV 高压输电/380 V 低压配电这一交流供电模式，需配备数量极多的变压器，仅沁水片区变压器就多达 295 台，再加上游梁式抽采机电动机一直处于周期性变工况运行状态，导致配电用变压器大多工作于非经济运行区，有功和无功损耗均大幅增加。此外，电动机作为驱动游梁式抽采机运行的动力来源，其效率仅有 30% 左右。究其原因：① 电动机在一个工作周期（冲次）内交替运行于重载、轻载和发电工况（即周期性变工况），力能指标（效率和功率因数乘积）低下；② 电动机设计额定功率远大于其实际运行功率，"大马拉小车"问题严重；③ 周期性变工况下电动机出现二次能量转换，导致游梁式抽采机工作效率低下。

　　为此，通过对煤层气开采交流供电系统进行直流化改造，构建包含 DERs、储能单元和游梁式抽采机的直流微电网系统可具备如下显著优势：① 直流微电网不存在涡流损耗、无功环流、频率和功角稳定性等问题；② 直流微电网与交流主网通过 PWM 整流器连接，可实现网侧单位功率因数运行，且 PWM 整流器能有效隔离交流主网扰动；③ 直流微电网仅需一级变换器便能实现与分布式电源和负载的连接，省去了不必要的功率变换环节，功率密度和系统效率得到提高；④ 直流微电网既可以并网也可以孤岛方式运行，供电可靠性大幅提高。

本章重点讨论了煤层气开采直流微电网系统的模型建立、稳定性分析与控制。首先,参考传统电力系统发电-输电-用电模式,构建了煤层气开采直流微电网系统的分层结构:第一层负责能量供给,由光伏电池和储能单元组成;第二层担负能量传输和分配任务,由双向 Buck/Boost 变换器构成;第三层是用电负荷,由逆变器-电动机系统组成,负责驱动游梁式抽采机运行。其次,在分层结构框架下,建立了源端输出阻抗和荷端输入阻抗构成的煤层气开采直流微电网系统的全局小信号模型,探讨了含周期性变工况负荷的直流微电网系统稳定性问题。最后,分析了改变系统阻尼对于主导极点的变化规律,提出了一种适用于含周期性变工况负荷直流微电网系统的有源阻尼控制方法,同时利用下垂控制实现了负荷功率动态平衡分配。

5.2 煤层气开采直流微电网系统的分层结构

为对煤层气开采交流供电系统进行直流化改造,本章参考传统电力系统发电-输电-用电模式,设计了一种煤层气开采直流微电网系统的分层结构,如图 5-1 所示。由图可知,该分层结构共有 3 层:第一层(能量供给层)由光伏电池和储能单元组成,光伏电池采用最大功率点跟踪模式(MPPT)实现最大功率捕捉,蓄电池储能单元作为受控电压源进行恒压控制以实现稳压输出;第二层(能量传输和分配层)由双向 Buck/Boost 变换器构成,其输入与第一层输出串联,输出与直流母线连接,该层除了维持能量双向传输,还起到动态平衡直流母线电压和负荷功率分配的作用;第三层(负荷层)由逆变器-电动机系统组成,负责驱动游梁式抽采机运行。从图中可以看出,第一层(能量供给层)和第二层(能量传输和分配层)共同构成了电源层。此外,第一层的光伏电池和储能单元与第二层的双向 Buck/Boost 变换器共同构成了 1 个模块,图 5-1 所示的煤层气开采直流微电网系统包含 2 个同样的模块。

在分层结构的电压等级选择上:第一层(能量供给层)由光伏电池和储能单元并联组成,由于其作用是实现输出稳压和最大功率跟踪,因此输入和输出额定电压宜分别设置为 96 V 和 380 V;第二层(能量传输和分配层)采用双向 Buck/Boost 变换器实现直流母线电压稳定与负荷功率动态平衡调节,因此其输出额定电压设置为 550 V;为了分析问题方便,本书忽略了双向 Buck/Boost 变换器输出端与直流母线连接的传输线上的线路阻抗,因此直流母线电压可近似认为等于 550 V。

此外,在实际应用中由于光伏发电的间歇性和储能容量的限制,导致煤层气开采直流微电网系统较难独立维持游梁式抽采机电动机持续满负荷运行,能量

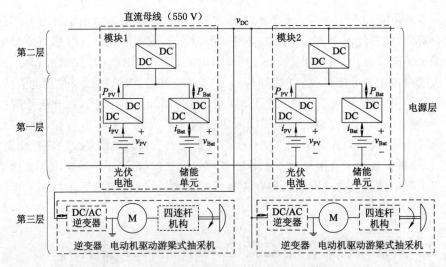

图 5-1　一种煤层气开采直流微电网系统的分层结构

缺额一般需通过交直流并网接口变换器从交流主网补充。为了提高孤岛模式下煤层气开采直流微电网系统的供电可靠性,后续可考虑接入低浓度瓦斯发电机,在确保微电网系统能量供需平衡的前提下,还可实现煤层气特别是低浓度瓦斯的就地转化利用。

5.3　煤层气开采直流微电网系统的电源层模型

在分层结构框架下,本节推导了第一层(能量供给层)光伏电池和储能单元接口变换器,以及第二层(能量传输和分配层)双向 Buck/Boost 变换器的小信号模型,得到了闭环控制下的戴维南等效电路,由此建立了源端(电源层)输出阻抗。同时,在第二层(能量传输和分配层)提出了一种适用于含周期性变工况负荷直流微电网系统的有源阻尼控制方法,且利用下垂控制实现了负荷功率动态平衡分配。

5.3.1　能量供给层模型

第一层(能量供给层)由光伏电池和蓄电池储能单元组成,其作用是实现最大功率跟踪和输出稳压。

(1) 蓄电池储能单元

第一层(能量供给层)蓄电池储能单元接口变换器采用双向 Buck/Boost 电路,如图 5-2(a)所示。图中,i_{L1}、v_{C1} 表示电感电流和电容电压,v_{in1}、v_{o1} 表示输入和输出电压,S_{11}、S_{12} 分别表示下、上桥臂开关管,且 S_{11}、S_{12} 互补导通,i_{o1} 是输出电流。该 Buck/Boost 电路工作于连续导电模式（continuous conduction mode，CCM）。

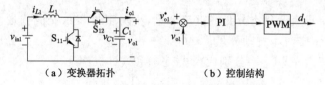

（a）变换器拓扑　　　　　　　（b）控制结构

图 5-2　蓄电池储能单元接口变换器及控制

利用状态空间平均法[121]建立蓄电池储能单元接口变换器的小信号模型。当 S_{11} 导通、S_{12} 关断时，电路中的电感电流、电容电压可描述为：

$$\begin{cases} \dfrac{\mathrm{d}i_{L1}}{\mathrm{d}t} = \dfrac{1}{L_1} v_{in1} \\ \dfrac{\mathrm{d}v_{C1}}{\mathrm{d}t} = -\dfrac{1}{C_1} i_{o1} \end{cases} \tag{5-1}$$

式中，L_1 为升压电感；C_1 为输出侧电容。

当 S_{11} 关断、S_{12} 导通时，电路中的电感电流、电容电压可描述为：

$$\begin{cases} \dfrac{\mathrm{d}i_{L1}}{\mathrm{d}t} = \dfrac{1}{L_1} v_{in1} - \dfrac{1}{L_1} v_{C1} \\ \dfrac{\mathrm{d}v_{C1}}{\mathrm{d}t} = -\dfrac{1}{C_1} i_{o1} + \dfrac{1}{C_1} i_{L1} \end{cases} \tag{5-2}$$

通过对式（5-1）和式（5-2）进行状态空间平均，得到如下状态空间方程：

$$\begin{bmatrix} \dfrac{\mathrm{d}i_{L1}}{\mathrm{d}t} \\ \dfrac{\mathrm{d}v_{C1}}{\mathrm{d}t} \end{bmatrix} = \begin{bmatrix} 0 & -\dfrac{1}{L_1}(1-d_1) \\ \dfrac{1}{C_1}(1-d_1) & 0 \end{bmatrix} \cdot \begin{bmatrix} i_{L1} \\ v_{C1} \end{bmatrix} + \begin{bmatrix} 0 \\ -\dfrac{1}{C_1} \end{bmatrix} \cdot i_{o1} + \begin{bmatrix} \dfrac{1}{L_1} \\ 0 \end{bmatrix} \cdot v_{in1}$$

$$\tag{5-3}$$

式中，d_1 表示开关管 S_{11} 的占空比。

同时，通过分析输出侧电压电流关系，可以得到输出方程表达式：

$$v_{o1} = \begin{bmatrix} 0 & 1 \end{bmatrix} \cdot \begin{bmatrix} i_{L1} \\ v_{C1} \end{bmatrix} \tag{5-4}$$

对式（5-3）和式（5-4）在稳态工作点附近施加一个低频小扰动，令

$$i_{L1} = I_{L1} + \hat{i}_{L1} \tag{5-5}$$

$$v_{C1} = V_{C1} + \hat{v}_{C1} \tag{5-6}$$

$$d_1 = D_1 + \hat{d}_1 \tag{5-7}$$

$$i_{o1} = I_{o1} + \hat{i}_{o1} \tag{5-8}$$

$$v_{o1} = V_{o1} + \hat{v}_{o1} \tag{5-9}$$

$$v_{in1} = V_{in1} + \hat{v}_{in1} \tag{5-10}$$

式中,大写字母表示稳态分量或直流分量,小写字母表示交流分量,小写字母上面加"∧"表示交流小扰动分量。

将式(5-5)～式(5-9)分别代入式(5-3)和式(5-4)得:

$$
\begin{bmatrix} \dfrac{\mathrm{d}i_{L1}}{\mathrm{d}t} \\ \dfrac{\mathrm{d}v_{C1}}{\mathrm{d}t} \end{bmatrix} = \begin{bmatrix} 0 & -\dfrac{1}{L_1}(1-D_1) \\ \dfrac{1}{C_1}(1-D_1) & 0 \end{bmatrix} \cdot \begin{bmatrix} i_{L1} \\ v_{C1} \end{bmatrix} + \begin{bmatrix} \dfrac{V_{C1}}{L1} \\ -\dfrac{I_{L1}}{C1} \end{bmatrix} \cdot \hat{d}_1 + \begin{bmatrix} 0 \\ -\dfrac{1}{C_1} \end{bmatrix} \cdot \hat{i}_{o1} + \begin{bmatrix} \dfrac{1}{L_1} \\ 0 \end{bmatrix} \cdot \hat{v}_{in1}
$$

$$\tag{5-11}$$

$$\hat{v}_{o1} = \begin{bmatrix} 0 & 1 \end{bmatrix} \cdot \begin{bmatrix} \hat{i}_{L1} \\ \hat{v}_{C1} \end{bmatrix} \tag{5-12}$$

对式(5-11)和式(5-12)中的矩阵作如下定义,令

$$A_1 = \begin{bmatrix} 0 & \dfrac{-1}{L_1}(1-D_1) \\ \dfrac{1}{C_1}(1-D_1) & 0 \end{bmatrix} \tag{5-13}$$

$$B_1 = \begin{bmatrix} \dfrac{V_{C1}}{L_1} \\ \dfrac{-I_{L1}}{C_1} \end{bmatrix} \tag{5-14}$$

$$G_1 = \begin{bmatrix} 0 \\ -\dfrac{1}{C_1} \end{bmatrix} \tag{5-15}$$

$$E_1 = \begin{bmatrix} \dfrac{1}{L_1} \\ 0 \end{bmatrix} \tag{5-16}$$

$$F_1 = \begin{bmatrix} 0 & 1 \end{bmatrix} \tag{5-17}$$

从而式(5-11)和式(5-12)可以表示为:

$$\begin{bmatrix} \dfrac{\mathrm{d}\hat{i}_{L1}}{\mathrm{d}t} \\ \dfrac{\mathrm{d}\hat{v}_{C1}}{\mathrm{d}t} \end{bmatrix} = A_1 \cdot \begin{bmatrix} \hat{i}_{L1} \\ \hat{v}_{C1} \end{bmatrix} + B_1 \cdot \hat{d}_1 + G_1 \cdot \hat{i}_{o1} + E_1 \cdot \hat{v}_{in1} \tag{5-18}$$

$$\hat{v}_{o1} = F_1 \cdot \begin{bmatrix} \hat{i}_{L1} \\ \hat{v}_{C1} \end{bmatrix} \tag{5-19}$$

对式(5-18)和式(5-19)中的线性小信号模型进行拉普拉斯变换,整理后得:

$$\hat{v}_{o1}(s) = [F_1(sI - A_1)^{-1}B_1] \cdot \hat{d}_1(s) + [F_1(sI - A_1)^{-1}E_1] \cdot$$
$$\hat{v}_{in1}(s) - [-F_1(sI - A_1)^{-1}G_1] \cdot \hat{i}_{o1}(s) \tag{5-20}$$

式中,I 表示二阶单位矩阵,$I = \begin{bmatrix} 1 & 0 \\ 0 & 1 \end{bmatrix}$。

蓄电池储能单元接口变换器的目的是实现输出稳压,其控制如图 5-2(b)所示。由图 5-2(b)可知,控制方程的频域小信号模型如下:

$$\hat{d}_1(s) = -G_{pi1}G_{d1}\hat{v}_{o1}(s) \tag{5-21}$$

式中,G_{pi1}、G_{d1} 分别是电压环 PI 和 PWM 调制器 G_d 的传递函数。

通过分析式(5-20)和式(5-21)所构成的联立方程组,推导得到下式:

$$\hat{v}_{o1}(s) = [1 + G_{pi1}G_{d1}F_1(sI - A_1)^{-1}B_1]^{-1} \cdot [F_1(sI - A_1)^{-1}E_1] \cdot \hat{v}_{in1}(s) -$$
$$[1 + G_{pi1}G_{d1}F_1(sI - A_1)^{-1}B_1]^{-1} \cdot [-F_1(sI - A_1)^{-1}G_1] \cdot \hat{i}_{o1}(s) \tag{5-22}$$

对式(5-22)中的矩阵表达式作如下定义,令:

$$K_1 = [1 + G_{pi1}G_{d1}F_1(sI - A_1)^{-1}B_1]^{-1} \cdot [F_1(sI - A_1)^{-1}E_1] \tag{5-23}$$

$$Z_{o1} = [1 + G_{pi1}G_{d1}F_1(sI - A_1)^{-1}B_1]^{-1} \cdot [-F_1(sI - A_1)^{-1}G_1] \tag{5-24}$$

从而式(5-22)可以简化为:

$$\hat{v}_{o1}(s) = K_1 \cdot \hat{v}_{in1}(s) - Z_{o1} \cdot \hat{i}_{o1}(s) \tag{5-25}$$

由式(5-25)可以看出,第一层(能量供给层)蓄电池储能单元接口变换器所采用的双向 Buck/Boost 电路,其小信号模型可以用戴维南等效电路表示,其中 $K_1 \cdot \hat{v}_{in1}(s)$ 表示等效电压源,Z_{o1} 表示等效输出阻抗。该小信号模型考虑了由输入电压 v_{in1} 和输出电流 i_{o1} 产生的动态特性。

(2)光伏电池单元

第一层(能量供给层)光伏电池单元接口变换器采用单向 Boost 电路,如图 5-3(a)所示。图中,i_{L2}、v_{C2} 表示电感电流和电容电压,v_{in2}、v_{o2} 表示输入和输出电压,S_2、VD 分别是开关管和续流二极管,i_{o2} 是输出电流。该单向 Boost 电路工作于 CCM 模式。

开关管 S_2 的开通和关断会引起 Boost 电路拓扑结构的变化,当 S_2 导通时,电路中的电感电流、电容电压可描述为:

$$\begin{cases} \dfrac{di_{L2}}{dt} = \dfrac{1}{L_2}v_{in2} \\ \dfrac{dv_{C2}}{dt} = \dfrac{1}{C_2}i_{L2} - \dfrac{1}{C_2}i_{o2} \end{cases} \tag{5-26}$$

式中,L_2 为升压电感;C_2 为输出侧电容。

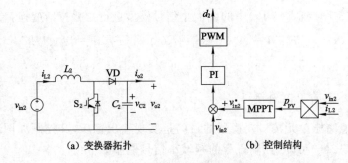

(a) 变换器拓扑   (b) 控制结构

图 5-3 光伏电池单元接口变换器及控制

当 S_2 关断时,电路中的电感电流、电容电压可描述为:

$$\begin{cases} \dfrac{\mathrm{d}i_{L2}}{\mathrm{d}t} = \dfrac{1}{L_2}v_{\mathrm{in}2} - \dfrac{1}{L_2}v_{C2} \\[3mm] \dfrac{\mathrm{d}v_{C2}}{\mathrm{d}t} = \dfrac{1}{C_2}i_{L2} - \dfrac{1}{C_2}i_{o2} \end{cases} \tag{5-27}$$

利用状态空间平均法建立光伏电池单元接口变换器的小信号模型。通过对式(5-26)和式(5-27)进行状态空间平均,得到如下状态空间方程:

$$\begin{bmatrix} \dfrac{\mathrm{d}i_{L2}}{\mathrm{d}t} \\[3mm] \dfrac{\mathrm{d}v_{C2}}{\mathrm{d}t} \end{bmatrix} = \begin{bmatrix} 0 & -\dfrac{1}{L_2}(1-d_2) \\[3mm] \dfrac{1}{C_2} & 0 \end{bmatrix} \cdot \begin{bmatrix} i_{L2} \\[2mm] v_{C2} \end{bmatrix} + \begin{bmatrix} 0 \\[2mm] -\dfrac{1}{C_2} \end{bmatrix} + \begin{bmatrix} 0 & -\dfrac{1}{C_2} \end{bmatrix} \cdot i_{o2} + \begin{bmatrix} \dfrac{1}{L_2} \\[2mm] 0 \end{bmatrix} \cdot v_{\mathrm{in}2} \tag{5-28}$$

式中,d_2 表示开关管 S_2 的占空比。

同时,通过分析输出侧电压电流关系,可以得到输出方程表达式:

$$v_{o2} = \begin{bmatrix} 0 & 1 \end{bmatrix} \cdot \begin{bmatrix} i_{L2} \\[2mm] v_{C2} \end{bmatrix} \tag{5-29}$$

对式(5-28)和式(5-29)在稳态工作点附近施加一个低频小扰动,令

$$i_{L2} = I_{L2} + \hat{i}_{L2} \tag{5-30}$$

$$v_{C2} = V_{C2} + \hat{v}_{C2} \tag{5-31}$$

$$d_2 = D_2 + \hat{d}_2 \tag{5-32}$$

$$i_{o2} = I_{o2} + \hat{i}_{o2} \tag{5-33}$$

$$v_{o2} = V_{o2} + \hat{v}_{o2} \tag{5-34}$$

$$v_{\mathrm{in}2} = V_{\mathrm{in}2} + \hat{v}_{\mathrm{in}2} \tag{5-35}$$

式中,大写字母表示稳态分量或直流分量,小写字母表示交流分量,小写字母上

面加"∧"表示交流小扰动分量。

将式(5-30)～式(5-35)分别代入式(5-28)和式(5-29)得：

$$
\begin{bmatrix} \dfrac{\mathrm{d}i_{L2}}{\mathrm{d}t} \\ \dfrac{\mathrm{d}v_{C2}}{\mathrm{d}t} \end{bmatrix} = \begin{bmatrix} 0 & -\dfrac{1}{L_2}(1-d_2) \\ \dfrac{1}{C_2} & 0 \end{bmatrix} \cdot \begin{bmatrix} i_{L2} \\ v_{C2} \end{bmatrix} + \begin{bmatrix} \dfrac{V_{C2}}{L_2} \\ 0 \end{bmatrix} \cdot \hat{d}_2 + \begin{bmatrix} 0 & -\dfrac{1}{C_2} \end{bmatrix} \cdot i_{o2} + \begin{bmatrix} \dfrac{1}{L_2} \\ 0 \end{bmatrix} \cdot v_{in2}
$$

$$
\tag{5-36}
$$

$$
\hat{v}_{o2} = \begin{bmatrix} 0 & 1 \end{bmatrix} \cdot \begin{bmatrix} \hat{i}_{L2} \\ \hat{v}_{C2} \end{bmatrix} \tag{5-37}
$$

对式(5-36)和式(5-37)中的矩阵作如下定义，令

$$
A_2 = \begin{bmatrix} 0 & -\dfrac{1}{L_2}(1-D_2) \\ \dfrac{1}{C_2} & 0 \end{bmatrix} \tag{5-38}
$$

$$
B_2 = \begin{bmatrix} \dfrac{V_{C2}}{L_2} \\ 0 \end{bmatrix} \tag{5-39}
$$

$$
G_2 = \begin{bmatrix} 0 \\ -\dfrac{1}{C_2} \end{bmatrix} \tag{5-40}
$$

$$
E_2 = \begin{bmatrix} \dfrac{1}{L_2} \\ 0 \end{bmatrix} \tag{5-41}
$$

$$
F_2 = \begin{bmatrix} 0 & 1 \end{bmatrix} \tag{5-42}
$$

根据式(5-38)～式(5-42)，可以将式(5-36)和式(5-37) 表示为：

$$
\begin{bmatrix} \dfrac{\mathrm{d}i_{L2}}{\mathrm{d}t} \\ \dfrac{\mathrm{d}v_{C2}}{\mathrm{d}t} \end{bmatrix} = A_2 \cdot \begin{bmatrix} \hat{i}_{L2} \\ \hat{v}_{C2} \end{bmatrix} + B_2 \cdot \hat{d}_2 + G_2 \cdot \hat{i}_2 + E_2 \cdot \hat{v}_{in2} \tag{5-43}
$$

$$
\hat{v}_{o2} = F_2 \cdot \begin{bmatrix} \hat{i}_{L2} \\ \hat{v}_{C2} \end{bmatrix} \tag{5-44}
$$

对式(5-43)和式(5-44)中的线性小信号模型进行拉普拉斯变换，整理后得：

$$
\hat{v}_{o2}(s) = [F_2(sI-A_2)^{-1}B_2] \cdot \hat{d}_2(s) + [F_2(sI-A_2)^{-1}E_2] \cdot \hat{v}_{in2}(s) -
$$

$$
[-F_2(sI-A_2)^{-1}G_2] \cdot \hat{i}_{o2}(s) \tag{5-45}
$$

光伏电池单元接口变换器的目的是实现最大功率点跟踪（MPPT），其控制

如图 5-3(b)所示[122]。由图 5-3(b)可知,控制方程的频域小信号模型如下:

$$\hat{d}_2(s) = G_{pi2} G_{d2} \big[\hat{v}_{in2}^*(s) - v_{in2}(s) \big] \tag{5-46}$$

式中,G_{pi2}、G_{d2} 分别是电压环 PI 和 PWM 调制器 G_d 的传递函数;同时为了计及 MPPT 算法对光伏电池的影响,这里用 $\hat{v}_{in2}^*$ 代表光伏输出电压参考值的扰动。

通过分析式(5-45)和式(5-46)所构成的联立方程组,推导得到下式:

$$\hat{v}_{o2}(s) = \big[G_{pi2} G_{d2} F_2 (sI - A_2)^{-1} B_2 \big] \cdot \hat{v}_{in2}^*(s) +$$
$$\big[F_2 (sI - A_2)^{-1} E_2 - G_{pi2} G_{d2} F_2 (sI - A_2)^{-1} B_2 \big] \cdot \hat{v}_{in2}^*(s) -$$
$$\big[- F_2 (sI - A_2)^{-1} G_2 \big] \cdot \hat{i}_{o2}(s) \tag{5-47}$$

对式(5-47)中的矩阵表达式作如下定义,令:

$$K_{21} = G_{pi2} G_{d2} F_2 (sI - A_2)^{-1} B_2 \tag{5-48}$$

$$K_{22} = F_2 (sI - A_2)^{-1} E_2 - G_{pi2} G_{d2} F_2 (sI - A_2)^{-1} B_2 \tag{5-49}$$

$$Z_{o2} = - F_2 (sI - A_2)^{-1} G_2 \tag{5-50}$$

从而式(5-47)可以简化为:

$$\hat{v}_{o2}(s) = K_{21} \cdot \hat{v}_{in2}^*(s) + K_{22} \cdot \hat{v}_{in2}^*(s) = Z_{o2} \cdot \hat{i}_{o2}(s) \tag{5-51}$$

由式(5-51)可以看出,第一层(能量供给层)光伏电池单元接口变换器所采用的单向 Boost 电路,其小信号模型可以用戴维南等效电路表示。其中,$K_{21} \cdot \hat{v}_{in2}^*(s) + K_{22} \cdot \hat{v}_{in2}^*(s)$ 表示等效电压源,由单向 Boost 电路的输入电压参考值和实际值决定,Z_{o2} 表示等效输出阻抗。该小信号模型考虑了由输入电压 v_{in2}、输出电流 i_{o2} 和光伏输出电压参考值扰动 $\hat{v}_{in2}^*$ 所产生的动态特性。

5.3.2 能量传输和分配层模型

煤层气开采直流微电网系统的分层结构共有 3 层:第一层(能量供给层)由光伏电池和储能单元组成,作用是实现输出稳压和最大功率跟踪,输出额定电压设置为 380 V;第二层(能量传输和分配层)由双向 Buck/Boost 变换器构成,其输入与第一层输出串联,输出与直流母线连接,该层除了维持能量双向传输,还起到动态平衡直流母线电压和负荷功率分配的作用,其输出额定电压设置为 550 V。

第二层(能量传输和分配层)采用双向 Buck/Boost 变换器,如图 5-4(a)所示。图中,i_{L3}、v_{C3} 表示电感电流和电容电压,v_{in3}、v_{o3} 表示输入和输出电压,S_{31}、S_{32} 分别表示下、上桥臂开关管,且 S_{31}、S_{32} 互补导通,i_{o3} 是输出电流。该双向 Buck/Boost 变换器工作于 CCM 模式。

利用状态空间平均法建立能量传输和分配层双向 Buck/Boost 变换器的小信号模型。当 S_{31} 导通、S_{32} 关断时,电路中的电感电流、电容电压可描述为:

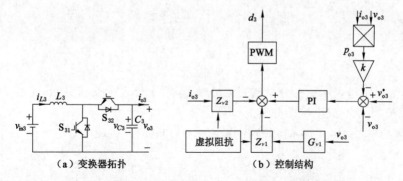

（a）变换器拓扑　　　　　（b）控制结构

图 5-4　能量传输和分配层双向 Buck/Boost 变换器及控制

$$\begin{cases} \dfrac{\mathrm{d}i_{L3}}{\mathrm{d}t} = \dfrac{1}{L_3}v_{\mathrm{in}3} \\[2ex] \dfrac{\mathrm{d}v_{C3}}{\mathrm{d}t} = -\dfrac{1}{C_3}i_{\mathrm{o}3} \end{cases} \tag{5-52}$$

式中，L_3 为升压电感，C_3 为输出侧电容。

当 S_{11} 关断、S_{12} 导通时，电路中的电感电流、电容电压可描述为：

$$\begin{cases} \dfrac{\mathrm{d}i_{L3}}{\mathrm{d}t} = \dfrac{1}{L_3}v_{\mathrm{in}3} - \dfrac{1}{L_3}v_{C3} \\[2ex] \dfrac{\mathrm{d}v_{C3}}{\mathrm{d}t} = -\dfrac{1}{C_3}i_{\mathrm{o}3} + \dfrac{1}{C_3}i_{L3} \end{cases} \tag{5-53}$$

通过对式（5-52）和式（5-53）进行状态空间平均，得到如下状态空间方程：

$$\begin{bmatrix} \dfrac{\mathrm{d}i_{L3}}{\mathrm{d}t} \\[2ex] \dfrac{\mathrm{d}v_{C3}}{\mathrm{d}t} \end{bmatrix} = \begin{bmatrix} 0 & -\dfrac{1}{L_3}(1-d_3) \\[2ex] \dfrac{1}{C_3}(1-d_3) & 0 \end{bmatrix} \cdot \begin{bmatrix} i_{L3} \\[1ex] v_{C3} \end{bmatrix} + \begin{bmatrix} 0 \\[2ex] -\dfrac{1}{C_3} \end{bmatrix} \cdot i_{\mathrm{o}3} + \begin{bmatrix} \dfrac{1}{L_3} \\[1ex] 0 \end{bmatrix} \cdot v_{\mathrm{in}3}$$

$$\tag{5-54}$$

式中，d_3 表示开关管 S_{31} 的占空比。

同时，通过分析输出侧电压电流关系，可以得到输出方程表达式：

$$v_{\mathrm{o}3} = \begin{bmatrix} 0 & 1 \end{bmatrix} \cdot \begin{bmatrix} i_{L3} \\[1ex] v_{C3} \end{bmatrix} \tag{5-55}$$

对式（5-54）和式（5-55）在稳态工作点附近施加一个低频小扰动，令

$$i_{L3} = I_{L3} + \hat{i}_{L3} \tag{5-56}$$

$$v_{C3} = V_{C3} + \hat{v}_{C3} \tag{5-57}$$

$$d_3 = D_3 + \hat{d}_3 \tag{5-58}$$

$$i_{o3} = I_{o3} + \hat{i}_{o3} \tag{5-59}$$

$$v_{o3} = V_{o3} + \hat{v}_{o3} \tag{5-60}$$

$$v_{in3} = V_{in3} + \hat{v}_{in3} \tag{5-61}$$

式中,大写字母表示稳态分量或直流分量,小写字母表示交流分量,小写字母上面加"∧"表示交流小扰动分量。

将式(5-56)～式(5-61)分别代入式(5-54)和式(5-55)得:

$$\begin{bmatrix} \dfrac{\mathrm{d}\hat{i}_{L3}}{\mathrm{d}t} \\ \dfrac{\mathrm{d}\hat{v}_{C3}}{\mathrm{d}t} \end{bmatrix} = \begin{bmatrix} 0 & -\dfrac{1}{L_3}(1-D_3) \\ \dfrac{1}{C_3}(1-D_3) & 0 \end{bmatrix} \cdot \begin{bmatrix} \hat{i}_{L3} \\ \hat{v}_{C3} \end{bmatrix} + \begin{bmatrix} \dfrac{V_{C3}}{L_3} \\ -\dfrac{I_{L3}}{C_3} \end{bmatrix} \cdot \hat{d}_3 + \begin{bmatrix} 0 \\ -\dfrac{1}{C_3} \end{bmatrix} \cdot i_{o3} + \begin{bmatrix} \dfrac{1}{L_3} \\ 0 \end{bmatrix} \cdot v_{in3}$$

$$\tag{5-62}$$

$$\hat{v}_{o3} = \begin{bmatrix} 0 & 1 \end{bmatrix} \cdot \begin{bmatrix} \hat{i}_{L3} \\ \hat{v}_{C3} \end{bmatrix} \tag{5-63}$$

对式(5-62)和式(5-63)中的矩阵作如下定义,令:

$$A_3 = \begin{bmatrix} 0 & -\dfrac{1}{L_3}(1-D_3) \\ \dfrac{1}{C_3}(1-D_3) & 0 \end{bmatrix} \tag{5-64}$$

$$B_3 = \begin{bmatrix} \dfrac{V_{C3}}{L_3} \\ -\dfrac{I_{L3}}{C_3} \end{bmatrix} \tag{5-65}$$

$$G_3 = \begin{bmatrix} 0 \\ -\dfrac{1}{C_3} \end{bmatrix} \tag{5-66}$$

$$E_3 = \begin{bmatrix} \dfrac{1}{L_3} \\ 0 \end{bmatrix} \tag{5-67}$$

$$F_3 = \begin{bmatrix} 0 & 1 \end{bmatrix} \tag{5-68}$$

因此可以将式(5-62)和式(5-63)表示为:

$$\begin{bmatrix} \dfrac{\mathrm{d}\hat{i}_{L3}}{\mathrm{d}t} \\ \dfrac{\mathrm{d}\hat{v}_{C3}}{\mathrm{d}t} \end{bmatrix} = A_3 \cdot \begin{bmatrix} \hat{i}_{L3} \\ \hat{v}_{C3} \end{bmatrix} + B_3 \cdot \hat{d}_3 + G_3 \cdot \hat{i}_{o3} + E_3 \cdot \hat{v}_{in3} \tag{5-69}$$

$$\hat{v}_{o3} = F_3 \cdot \begin{bmatrix} \hat{i}_{L3} \\ \hat{v}_{C3} \end{bmatrix} \tag{5-70}$$

对式(5-69)和式(5-70)中的线性小信号模型进行拉普拉斯变换,整理后得:

$$\hat{v}_{o3}(s) = \left[F_3(sI-A_3)^{-1}B_3 \right] \cdot \hat{d}_3(s) + \left[F_3(sI-A_3)^{-1}E_3 \right] \cdot$$

$$\hat{v}_{in3}(s) - \left[-F_3(sI-A_3)^{-1}G_3 \right] \cdot \hat{i}_{o3}(s) \tag{5-71}$$

目前,直流微电网系统的稳定性分析与控制大多围绕恒功率负荷展开[52-54],通常的做法是将直流微电网系统简化为源侧变换器和负荷侧变换器级联的形式,利用阻抗比判据分析系统稳定性[55]。针对稳定性控制的问题,多数文献从阻抗匹配角度给出稳定性控制方法,主要有无源阻尼法和有源阻尼法 2 种。文献[56]对比了 RC 并联、RL 并联和 RL 串联 3 种无源阻尼电路,提出了降低变换器输出阻抗峰值的方法。文献[57]通过调节阻尼电阻,改善了负载阻抗特性,提高了直流微电网系统的稳定性。有源阻尼法由于无需增添硬件电路、不产生额外损耗等优点,近年来得到广泛应用。文献[58]采用低通滤波的方法调节变换器等效输出阻抗,提高了直流微电网系统的稳定性。文献[59]利用并网变换器直流电流前馈,有效解决了高比例恒功率负荷引起的系统稳定性问题。文献[60]建立了下垂控制下适用于多储能变换器并联的直流微电网系统等效模型,提出了一种分级稳定控制方法。遗憾的是,对于周期性变工况条件下的直流母线电压失稳机理,以及稳定性分析方法,公开的文献很少且研究尚不深入。本章在分层结构框架下,建立了源端输出阻抗和荷端输入阻抗构成的煤层气开采直流微电网系统的全局小信号模型,探讨了含周期性变工况负荷的直流微电网系统稳定性分析与控制方法,揭示了改变系统阻尼对于主导极点的变化规律,提出了一种适用于含周期性变工况负荷直流微电网系统的有源阻尼控制方法,如图 5-5 所示。

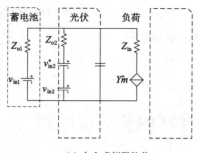

（a）加入虚拟阻抗前

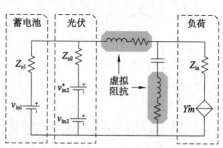

（b）加入虚拟阻抗后

图 5-5　系统稳定性控制

由图 5-4 可知：

$$Z_{v1} = sL_{v1} + R_{v1} \tag{5-72}$$

$$Z_{v2} = sL_{v2} + R_{v2} \tag{5-73}$$

具体地，第二层（能量传输和分配层）双向 Buck/Boost 变换器通过引入虚拟阻抗和下垂控制实现直流母线电压稳定与负荷功率动态平衡调节，其控制如图 5-4(b)所示[61]。由图 5-4(b)可知，控制方程的频域小信号模型如下：

$$d_3(s) = \{[v_{o3}^*(s) - v_{o3}(s) - kp_{o3}(s)]G_{pi3} - v_{o3}(s)G_{v1}Z_{v1} - i_{o3}(s)Z_{v2}\}G_{d3} \tag{5-74}$$

式中，k 是下垂系数；p_{o3} 是输出功率。

输出功率 p_{o3} 满足下式：

$$p_{o3} = v_{o3} \cdot i_{o3} \tag{5-75}$$

根据式(5-74)可以得到输出功率 p_{o3} 的小信号表达式：

$$\hat{p}_{o3} = V_{o3} \cdot \hat{i}_{o3} + I_{o3} \cdot \hat{v}_{o3} \tag{5-76}$$

将式(5-76)变换到频域并代入到式(5-74)中，得：

$$\hat{d}_3(s) = -G_{d3}[G_{pi3}(1 + kI_{o3}) + G_{v1}Z_{v1}]\hat{v}_{o3}(s) - G_{d3}(kG_{pi3}V_{o3} + Z_{v2})\hat{i}_{o3}(s) \tag{5-77}$$

将式(5-77)代入式(5-71)中得：

$$\hat{v}_{o3}(s) = K_3 \cdot \hat{v}_{in3}(s) - Z_{o3}\hat{i}_{o3}(s) \tag{5-78}$$

式中，K_3、Z_{o3} 定义如下：

$$K_3 = \{1 + G_{d3}[F_3(sI - A_3)^{-1}B_3][G_{pi3}(1 + kI_{o3}) + G_{v1}Z_{v1}]\}^{-1}$$
$$[F_3(sI - A_3)^{-1}E_3] \tag{5-79}$$

$$z_{o3} = \{1 + G_{d3}[F_3(sI - A_3)^{-1}B_3][G_{pi3}(1 + kI_{o3}) + G_{v1}Z_{v1}]\}^{-1} \cdot$$
$$\{G_{d3}[F_3(sI - A_3)^{-1}B_3](kG_{pi3}V_{o3} + Z_{v2}) - F_3(sI - A_3)^{-1}G_3\} \tag{5-80}$$

由式(5-78)可以看出，第二层（能量传输和分配层）所采用的双向 Buck/Boost 变换器，其小信号模型可以用戴维南等效电路表示。其中，$K_3 \cdot \hat{v}_{in3}(s)$ 表示等效电压源，Z_{o3} 表示等效输出阻抗。该小信号模型考虑了由输入电压 v_{in3}、输出电流 i_{o3} 所产生的动态特性。

5.4 煤层气开采直流微电网系统的负荷层模型

第三层（负荷层）由逆变器-电动机系统组成，负责驱动游梁式抽采机运行。本节建立了煤层气开采直流微电网系统的负荷层小信号模型。

第一层（能量供给层）和第二层（能量传输和分配层）共同构成了电源层，通过直流母线给第三层(负荷层)由逆变器-电动机系统驱动的游梁式抽采机提供电能,如图 5-6 所示。由图 5-6 可知,光伏电池和储能单元构成的电源层,通过直流母线给基于 PWM 调制的电压源型逆变器(voltage source inverter,VSI)提供电能,电能通过 VSI 传递给三相异步电动机,三相异步电动机驱动游梁式抽采机上下往复运行。

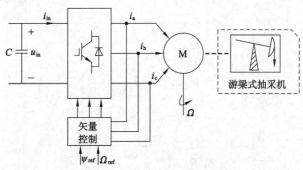

图 5-6 煤层气开采直流微电网系统的负荷层模型

图 5-6 中,煤层气开采直流微电网系统的负荷层模型存在 4 个输入:① 直流母线电压 u_{in};② 三相异步电动机负载转矩 T_L;③ 磁链参考值 Ψ_{ref} 或 d 轴电流参考值 I_{dref};④ 三相异步电动机机械速度参考值 Ω_{ref} 或电磁转矩参考值 T_e^*。与此同时,煤层气田地面直流微电网系统的负荷层模型存在 3 个输出:① 三相异步电动机机械角速度 Ω;② 定子电流 d 轴分量 i_{sd};③ 定子电流 q 轴分量 i_{sq}。

直流微电网本质上是一类级联变换器系统[123]。目前,直流微电网系统的稳定性分析与控制大多围绕恒功率负荷展开,对于含周期性变工况负荷的直流微电网系统稳定性分析与控制方法,公开的文献很少且研究尚不深入。本书建立了由源端输出阻抗和荷端输入阻抗构成的煤层气开采直流微电网系统的全局小信号模型,利用阻抗比判据分析系统稳定性。具体地,级联变换器在平衡点附近的稳定性由传递函数 $1/(1+Z_o(s)/Z_{in}(s))$ 的主导极点决定。其中,$Z_o(s)$ 表示前级变换器的输出阻抗,$Z_{in}(s)$ 表示后级变换器的输入阻抗。通过建立含周期性变工况负荷的直流微电网系统在平衡点附件的小信号模型,得到其输入阻抗 $Z_{in}(s)$,就可以代入传递函数 $1/(1+Z_o(s)/Z_{in}(s))$ 分析系统稳定性。

煤层气开采直流微电网系统的负荷层输入阻抗由下式给出:

$$Z_{in}(s) = \frac{\hat{u}_{in}}{\hat{i}_{in}} \tag{5-81}$$

式中,$Z_{in}(s)$ 表示煤层气开采直流微电网系统的负荷层输入阻抗;$\hat{u}_{in}$ 表示直流母线电压的小信号扰动;$\hat{i}_{in}$ 表示直流侧输入电流的小信号扰动。

    关于阻抗模型的建立方法，Mosskull 等人通过线性建模方法，推导了恒功率类负荷的输入阻抗模型[124]。本书针对由逆变器-电动机系统驱动的游梁式抽采机周期性变工况负荷，通过忽略一些非线性因素，简化了煤层气开采直流微电网系统负荷层的物理结构，推导了负荷层输入阻抗的小信号模型。由逆变器-电动机系统驱动的游梁式抽采机矢量控制如图 5-7 所示。

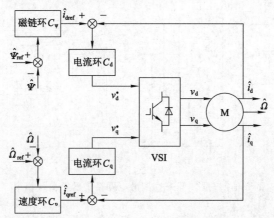

图 5-7 由逆变器-电动机系统驱动的游梁式抽采机矢量控制

    由图 5-7 可知，$C_d(s)$ 和 $C_q(s)$ 代表定子 dq 电流控制器，传递函数 $C_\Psi(s)$ 和 $C_v(s)$ 分别代表磁链和转速控制器。忽略开关损耗和磁饱和效应，根据能量守恒有如下功率平衡方程式：

$$u_{in} \cdot i_{in} = u_{sd} \cdot i_{sd} + u_{sq} \cdot i_{sq} \tag{5-82}$$

式中，u_{in}、i_{in} 分别表示直流母线电压和直流侧电流；u_{sd}、u_{sq} 分别表示定子电压 d 轴和 q 轴分量；i_{sd}、i_{sq} 分别表示定子电流 d 轴和 q 轴分量。

    对式(5-82)中直流侧和电动机侧稳态工作点附近分别施加一个低频小扰动，令

$$u_{in} = U_{in} + \hat{u}_{in} \tag{5-83}$$

$$i_{in} = I_{in} + \hat{i}_{in} \tag{5-84}$$

$$u_{sd} = U_{sd} + \hat{u}_{sd} \tag{5-85}$$

$$i_{sd} = I_{sd} + \hat{i}_{sd} \tag{5-86}$$

$$u_{sq} = U_{sq} + \hat{u}_{sq} \tag{5-87}$$

$$i_{sq} = I_{sq} + \hat{i}_{sq} \tag{5-88}$$

式中，大写字母表示稳态分量或直流分量，小写字母表示交流分量，小写字母上面加"∧"表示交流小扰动分量。

将式(5-83)~式(5-88)代入式(5-82)得：

$$\hat{u}_{in}(s) \cdot I_{in} + U_{in} \cdot \hat{i}_{in}(s) = \hat{u}_{sd}(s) \cdot I_{sd} + U_{sd} \cdot \hat{i}_{sd}(s) + \hat{u}_{sq}(s) \cdot I_{sq} + U_{sq} \cdot i_{sq}(s)$$

$$(5-89)$$

通常，VSI 的低频数学模型由下式给出：

$$G_{VSI} = \mu u_{in} \qquad (5-90)$$

式中，μ 是一比例系数，为常数。

因此，根据图 5-7 有：

$$\begin{cases} u_{sd} = \mu u_{in} u_{sd}^* \\ u_{sq} = \mu u_{in} u_{sq}^* \end{cases} \qquad (5-91)$$

式中，u_{sd}^* 和 u_{sq}^* 分别表示定子电压 d 轴和 q 轴分量的参考值。

令

$$u_{sd}^* = U_{sd}^* + \hat{u}_{sd}^* \qquad (5-92)$$

$$u_{sq}^* = U_{sq}^* + \hat{u}_{sq}^* \qquad (5-93)$$

将式(5-83)、式(5-85)、式(5-87)、式(5-92)和式(5-93)代入式(5-91)，得：

$$\begin{cases} \hat{u}_d(s) = \mu U_{in} \hat{u}_{sd}^*(s) + \mu U_{sd}^* \hat{u}_{in}(s) \\ \hat{u}_q(s) = \mu U_{in} \hat{u}_{sq}^*(s) + \mu U_{sq}^* \hat{u}_{in}(s) \end{cases} \qquad (5-94)$$

d-q 同步旋转坐标系下的三相异步电动机电压方程为：

$$\begin{bmatrix} \hat{u}_{sd}^*(s) \\ \hat{u}_{sq}^*(s) \end{bmatrix} = Z(s) \begin{bmatrix} \hat{i}_{sd}^*(s) \\ \hat{i}_{sq}^*(s) \end{bmatrix} \qquad (5-95)$$

式中，$Z(s)$ 是 1 个 2×2 阶阻抗矩阵，$Z(s)$ 可以表示为：

$$Z(s) = \begin{bmatrix} z_{11}(s) & z_{12}(s) \\ z_{21}(s) & z_{22}(s) \end{bmatrix} \qquad (5-96)$$

将式(5-96)代入式(5-89)，得：

$$\hat{u}_{in}(s) \cdot I_{in} + U_{in} \cdot \hat{i}_{in}(s) = X_1(s) \cdot \hat{i}_{sd}(s) + X_2(s) \cdot \hat{i}_{sq}(s) \qquad (5-97)$$

式中，$X_1(s)$、$X_2(s)$ 分别表示如下：

$$X_1(s) = z_{11}(s) \cdot I_{sd} + z_{21}(s) \cdot I_{sq} + U_{sd} \qquad (5-98)$$

$$X_2(s) = z_{12}(s) \cdot I_{sd} + z_{22}(s) \cdot I_{sq} + U_{sd} \qquad (5-99)$$

将式(5-96)代入式(5-94)，得：

$$\begin{cases} z_{11}(s) \hat{i}_{sd}(s) + z_{12}(s) \hat{i}_{sq}(s) = \mu U_{in} \hat{u}_{sd}^*(s) + \mu U_{sd}^* \hat{u}_{in}^*(s) \\ z_{21}(s) \hat{i}_{sd}(s) + z_{22}(s) \hat{i}_{sd}(s) = \mu U_{in} \hat{u}_{sq}^*(s) + \mu U_{sq}^* \hat{u}_{in}^*(s) \end{cases} \qquad (5-100)$$

根据图 5-7 有：

$$\begin{cases} \hat{u}{}_{sd}^{*}(s) = -C_d \hat{i}{}_{sd}(s) \\ \hat{u}{}_{sq}^{*}(s) = -C_q \hat{i}{}_{sq}(s) \end{cases} \tag{5-101}$$

将式（5-101）代入式（5-100），得到定子电流 d 轴和 q 轴分量是输入电压的函数：

$$\begin{bmatrix} \hat{i}{}_{sd}(s) \\ \hat{i}{}_{sq}(s) \end{bmatrix} = \begin{bmatrix} G_d(s) \\ G_q(s) \end{bmatrix} \cdot \hat{u}{}_{in}(s) \tag{5-102}$$

式中，$G_d(s)$、$G_q(s)$ 分别表示如下：

$$\begin{bmatrix} G_d(s) \\ G_q(s) \end{bmatrix} = \mu \begin{bmatrix} z_{11}(s) + \mu U_{in} C_d & z_{12}(s) \\ z_{21}(s) & z_{22}(s) + \mu U_{in} C_q \end{bmatrix}^{-1} \cdot \begin{bmatrix} U_{sd}^{*} \\ U_{sq}^{*} \end{bmatrix} \tag{5-103}$$

即

$$\begin{cases} \hat{i}{}_{sd}(s) = G_d(s) \cdot \hat{u}{}_{in}(s) \\ \hat{i}{}_{sq}(s) = G_q(s) \cdot \hat{u}{}_{in}(s) \end{cases} \tag{5-104}$$

游梁式抽采机电动机等效负载转矩表达式由下式给出：

$$m = n_p \frac{L_m}{L_r} \Psi_{rd} i_{sq} - J\alpha = W i_{sq} - J\alpha \tag{5-105}$$

式中，W 是系数，且 $W = n_p \dfrac{L_m}{L_r} \Psi_{rd}$。

由于驱动游梁式抽采机运行的三相异步电动机采用按转子磁场定向控制，因此式（5-105）中的 W 是常数。此外，在第 4 章中提到对游梁式抽采机电动机采用恒加速度控制，因此游梁式抽采机电动机的运行加速度 α 也是常数。由此可得游梁式抽采机电动机等效负载转矩的小信号模型：

$$\hat{m}(s) = W \cdot \hat{i}{}_{sq}(s) \tag{5-106}$$

根据式（5-97）、式（5-98）、式（5-103）和式（5-106）可得：

$$\hat{u}{}_{in}(s) = -\frac{U_{in}}{I_{in} - [I_s d z_{11}(s) + I_{sq} z_{21}(s) + U_{sd}] \cdot G_d(s)} \cdot \hat{i}{}_{in}(s) +$$

$$\frac{\dfrac{I_{sd} z_{12}(s) + I_{sq} z_{22}(s) + U_{sq}}{W}}{I_{in} - [I_{sd} z_{11}(s) + I_{sq} z_{21}(s) + U_{sd}] \cdot G_d(s)} \cdot \hat{m}(s) \tag{5-107}$$

由式（5-107）可知，煤层气开采直流微电网系统的负荷层输入阻抗小信号模型为：

$$\hat{Z}{}_{in}(s) = -\frac{U_{in}}{I_{in} - [I_s d z_{11}(s) + I_{sq} z_{21}(s) + U_{sd}] \cdot G_d(s)} \tag{5-108}$$

因此，式（5-107）可以进一步表示为：

$$\hat{u}{}_{in}(s) = Z_{in}(s) \hat{i}{}_{in}(s) + Y \hat{m}(s) \tag{5-109}$$

式中,Y 是一个系数,即

$$Y = \frac{\dfrac{I_{sd}z_{12}(s) + I_{sq}z_{22}(s) + U_{sq}}{W}}{I_{in} - [I_{sd}z_{11}(s) + I_{sq}z_{21}(s) + U_{sd}] \cdot G_d(s)} \tag{5-110}$$

由式(5-109)可知,煤层气开采直流微电网系统的负荷层输入阻抗小信号模型由输入阻抗 $Z_{in}(s)$ 和受控源 $Y\hat{m}(s)$ 两部分串联组成。其中,受控源 $Y\hat{m}(s)$ 取决于游梁式抽采机电动机等效负载转矩 m。

5.5　煤层气开采直流微电网系统的全局小信号模型

5.5.1　能量供给层戴维南等效电路

（1）蓄电池储能单元

式(5-25)建立了第一层（能量供给层）蓄电池储能单元接口变换器的小信号模型。由此可知,蓄电池储能单元接口变换器的戴维南等效电路如图 5-8 所示。

（2）光伏电池单元

式(5-51)建立了第一层（能量供给层）光伏电池单元接口变换器的小信号模型。由此可知,光伏电池单元接口变换器的戴维南等效电路如图 5-9 所示。

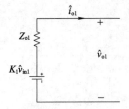

图 5-8　蓄电池储能单元接口变换器的
戴维南等效电路

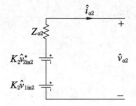

图 5-9　光伏电池单元接口变换器的
戴维南等效电路

5.5.2　能量传输和分配层戴维南等效电路

式(5-78)建立了第二层（能量传输和分配层）双向 Buck/Boost 变换器的小信号模型。由此可知,第二层（能量传输和分配层）双向 Buck/Boost 变换器的戴维南等效电路如图 5-10 所示。

5.5.3　负荷层戴维南等效电路

式(5-109)建立了煤层气开采直流微电网系统的负荷层小信号模型。由此可知,煤层气开采直流微电网系统负荷层的戴维南等效电路如图 5-11 所示。

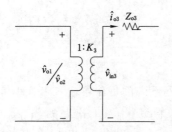
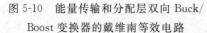

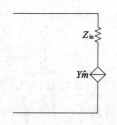

图 5-10　能量传输和分配层双向 Buck/
Boost 变换器的戴维南等效电路

图 5-11　煤层气开采直流微电网系统
负荷层的戴维南等效电路

5.5.4　煤层气开采直流微电网系统的全局小信号模型

图 5-8 和图 5-9 分别建立了电源层蓄电池储能单元接口变换器、光伏电池单元接口变换器的戴维南等效电路,图 5-10 建立了能量传输和分配层双向Buck/Boost 变换器的戴维南等效电路,图 5-11 建立了煤层气开采直流微电网系统负荷层的戴维南等效电路。由此可知,煤层气开采直流微电网系统的全局小信号模型如图 5-12 所示。由图可知,第一层(能量供给层)的光伏电池和储能单元与第二层(能量传输和分配层)的双向 Buck/Boost 变换器共同构成了 1 个模块,图 5-12 所示煤层气开采直流微电网系统的全局小信号模型包含 2 个同样的模块。

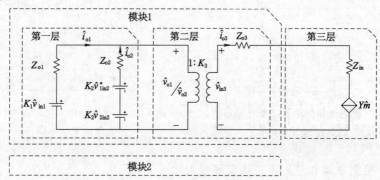

图 5-12　煤层气开采直流微电网系统的全局小信号模型

5.6　煤层气开采直流微电网系统的稳定性分析

直流微电网本质上是一类级联变换器系统。本书建立了由源端输出阻抗和荷端输入阻抗构成的煤层气开采直流微电网系统的全局小信号模型,利用阻抗比判据分析系统稳定性。具体地,级联变换器在平衡点附近的稳定性由传递函

数 $1/(1+Z_o(s)/Z_{in}(s))$ 的主导极点决定。其中,$Z_o(s)$ 表示前级变换器的输出阻抗,$Z_{in}(s)$ 表示后级变换器的输入阻抗。通过建立含周期性变工况负荷的直流微电网系统在平衡点附件的小信号模型,得到其输入阻抗 $Z_{in}(s)$,就可以代入传递函数 $1/(1+Z_o(s)/Z_{in}(s))$ 分析系统稳定性。

5.6.1　阻抗比判据

(1) Middlebrook 阻抗稳定性判据

在小信号稳定性分析方法中,由 Middlebrook 等人提出的阻抗稳定性分析方法应用较为广泛[35]。应用阻抗稳定性判据的前提,是要保证微源和负荷是相互独立稳定的子系统,级联系统的等效模型如图 5-13 所示。

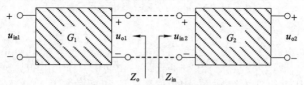

图 5-13　级联系统的等效模型

由图 5-13 可知,G_1、G_2 分别是微源和负荷的传递函数;u_{in1}、u_{in2} 分别是微源和负荷的输入电压;u_{o1}、u_{o2} 分别是微源和负荷的输出电压;Z_o 是微源的输出阻抗,Z_{in} 是负荷的输入阻抗。

根据戴维南等效原理,级联系统的传递函数可表示为:

$$G = \frac{u_{o2}}{u_{in1}} = \frac{G_1 G_2}{1 + G_m} \tag{5-111}$$

系统等效环路增益 G_m 定义为:

$$G_m = \frac{Z_0}{Z_{in}} \tag{5-112}$$

应用阻抗稳定性分析方法的前提,是要保证微源和负荷是相互独立稳定的子系统。由式(5-111)可知,如果分母多项式 $(1+G_m)$ 中的 G_m 满足奈奎斯特判据,那么系统稳定,否则系统不稳定,这就是阻抗稳定性判断准则。借助阻抗分析方法,级联系统的稳定性问题转化为子系统间的输入输出特性问题,系统分析和设计难度大大降低。此外,当级联系统满足稳定性判定条件时,负荷子系统的输出阻抗和环路增益不再受微源子系统影响,子系统间实现了输入输出的动态隔离。Middlebrook 判据中的 G_m 禁止区如图 5-14 阴影部分所示。

(2) 改进阻抗稳定性判据

一种改进的基于输入/输出阻抗关系的级联系统稳定性分析方法[55],由下式给出:

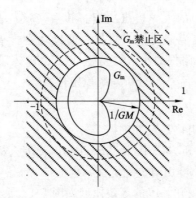

图 5-14　Middlebrook 判据中的 G_m 禁止区

$$\begin{cases} |\ Z_o\ |+GM<|\ Z_{in}\ | \\ -180°+PM<\angle Z_o-\angle Z_{in}<180°-PM \end{cases} \tag{5-113}$$

式中,GM 和 PM 分别为级联系统的增益裕度和相角裕度。该改进阻抗稳定性判据中的 G_m 禁止区如图 5-15 阴影部分所示。

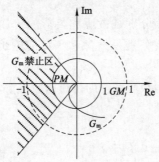

图 5-15　改进阻抗稳定性判据中的 G_m 禁止区

　　改进的级联系统稳定性分析方法认为,只要系统等效环路增益 G_m 的奈奎斯特曲线不进入图 5-15 中的 G_m 禁止区,系统即是稳定的,且可以保证设计的增益裕度 GM 和相角裕度 PM。

　　另外一种改进的阻抗稳定性判断方法[125],其约束条件如下:

$$\begin{cases} \left|\operatorname{Im}\left(\dfrac{Z_o}{Z_{in}}\right)\right| \geqslant -\dfrac{\tan PM}{GM} \\ \operatorname{Re}\left(\dfrac{Z_o}{Z_{in}}\right) \geqslant -\dfrac{1}{GM} \end{cases} \tag{5-114}$$

　　图 5-16 中的阴影部分是与式(5-114)相对应的 G_m 禁止区。该方法避免了系统设计的保守性,保证了系统具有足够的稳定裕度,有效抑制了某些频率附近

由于 G_m 的奈奎斯特曲线比较接近 $(-1,0)$ 时引起的振荡问题。

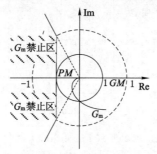

图 5-16 改进阻抗稳定性判据中的 G_m 禁止区

5.6.2 煤层气开采直流微电网系统的稳定性分析

以往基于阻抗判断准则的设计方法多用于源子系统输出阻抗不变的前提下，对负荷子系统输入阻抗进行设计来保证系统具有足够的稳定裕度。然而对于多变换器级联的微电网系统而言，其设计过程主要关心的是网内各单元接口变换器的稳定性。本节通过建立由源端输出阻抗和荷端输入阻抗构成的煤层气开采直流微电网系统全局小信号模型，求解了传递函数 $1/(1+Z_o(s)/Z_{in}(s))$ 的主导极点，利用 Middlebrook 阻抗比判据分析了煤层气开采直流微电网系统的稳定性。

由图 5-12 可知，模块 1 的等效输出阻抗为：

$$Z_{\text{module\_1}} = \frac{Z_{o1}Z_{o3} + Z_{o2}Z_{o3} + K_3^2 Z_{o1}Z_{o2}}{Z_{o1} + Z_{o2}} \tag{5-115}$$

式中，$Z_{\text{module\_1}}$ 是模块 1 的等效输出阻抗。

由图 5-12 可知，由于模块 1 与模块 2 并联，使得煤层气开采直流微电网系统的并联输出阻抗为：

$$Z_0 = \frac{Z_{\text{module\_1}} \cdot Z_{\text{module\_2}}}{Z_{\text{module\_1}} + Z_{\text{module\_2}}} \tag{5-116}$$

式中，Z_o 表示煤层气开采直流微电网系统的并联输出阻抗；$Z_{\text{module\_2}}$ 表示模块 2 的等效输出阻抗，且 $Z_{\text{module\_2}} = Z_{\text{module\_1}}$。

将式(5-108)和式(5-116)代入多项式 $1/(1+Z_o(s)/Z_{in}(s))$ 中，对得到的多项式进行离散化处理，分析了改变系统阻尼对于主导极点 z 域分布的变化规律，如图 5-17 所示。

由图 5-17 可知，对于提出的适用于含周期性变工况负荷直流微电网系统的有源阻尼控制方法来说，未采取有源阻尼控制方法时主导极点均分布在单位圆外(不稳定区域)，即"□"标识，属不稳定极点：$0.3969 \pm j0.9679$，$-0.3969 \pm j0.9679$；当采取有源阻尼控制方法后，主导极点沿图中箭头方向进入单位圆内

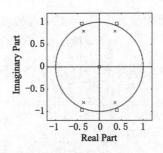

图 5-17　改变系统阻尼对于主导极点 z 域分布的变化规律

（稳定区域），即"×"标识，这些极点属于稳定极点：$0.3731 \pm j0.8279$，$-0.3731 \pm j0.8279$。取 $R_{v1} = R_{v2} = 6\ \Omega$，$L_{v1} = L_{v2} = 10\ \mu\text{H}$。

　　为了分析随 R_{v1}、R_{v2} 取值变化对主导极点分布的影响，令 $L_{v1} = L_{v2} = 10\ \mu\text{H}$，$R_{v1} = R_{v2}$ 取值按如下规律变化：$5.2\ \Omega$、$5.6\ \Omega$、$6.0\ \Omega$、$6.4\ \Omega$、$6.8\ \Omega$，得到主导极点随 R_{v1}、R_{v2} 变化趋势，如图 5-18 所示。

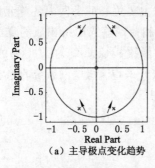
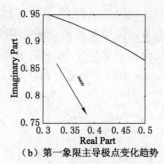

（a）主导极点变化趋势　　　　　（b）第一象限主导极点变化趋势

图 5-18　主导极点随 R_{v1}、R_{v2} 变化趋势

　　从图 5-18(a)可以看出所有极点均位于稳定区域内，且随着 R_{v1}、R_{v2} 取值变化，主导极点沿着图中箭头所指方向移动。由于这些主导极点分布较为紧密，因此图 5-18(b)给出了第一象限主导极点变化趋势放大图，其他主导象限主导极点变化趋势可以参考该图。

　　为分析随 L_{v1}、L_{v2} 取值变化对主导极点分布的影响，令 $R_{v1} = R_{v2} = 6\ \Omega$，$L_{v1} = L_{v2}$ 取值按如下规律变化：$6\ \mu\text{H}$、$8\ \mu\text{H}$、$10\ \mu\text{H}$、$12\ \mu\text{H}$，得到主导极点随 L_{v1}、L_{v2} 变化趋势，如图 5-19 所示。

　　由图 5-19(a)可知，所有极点均位于稳定区域内，且随着 L_{v1}、L_{v2} 取值变化，主导极点沿着图中箭头所指方向移动。由于这些主导极点分布较为紧密，因此图 5-19(b)给出了第一象限主导极点变化趋势放大图，其他主导象限主导极点变化趋势可以参考该图。

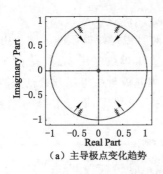
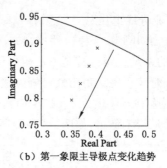

（a）主导极点变化趋势　　　　（b）第一象限主导极点变化趋势

图 5-19　主导极点随 L_{v1}、L_{v2} 变化趋势

综上所述，本节通过由源端输出阻抗和荷端输入阻抗构成的煤层气开采直流微电网系统全局小信号模型，求解了传递函数 $1/(1+Z_o(s)/Z_{in}(s))$ 的主导极点，利用 Middlebrook 阻抗比判据揭示了改变系统阻尼对于主导极点 z 域分布的变化规律：① 未采取有源阻尼控制方法时，主导极点位于不稳定区域；② 采取有源阻尼控制方法后，主导极点进入稳定区域；③ 随着虚拟阻抗取值不同，系统主导极点在稳定区域内按一定趋势变化。

5.6.3　仿真分析

利用 MATLAB/Simulink 搭建了煤层气开采直流微电网系统分层结构的仿真模型，验证一种适用于含周期性变工况负荷直流微电网系统有源阻尼控制方法的有效性。在分层结构的电压等级选择上：第一层（能量供给层）由光伏电池和蓄电池并联组成，由于其作用是实现输出稳压和最大功率跟踪，因此输入和输出额定电压分别设置为 96 V 和 380 V；第二层（能量传输和分配层）采用双向 Buck/Boost 变换器实现直流母线电压稳定与负荷功率动态平衡调节，因此其输出额定电压设置为 550 V；由于忽略了双向 Buck/Boost 变换器输出端与直流母线连接的传输线上的线路阻抗压降，因此直流母线电压可近似认为等于 550 V。常规游梁式抽采机和三相异步电动机的参数分别同表 3-2 和表 3-3，煤层气开采直流微电网系统内部变换器参数见表 5-1。

表 5-1　煤层气开采直流微电网系统内部变换器参数

升压电感 L_1/mH	5
滤波电容 C_1/μF	4 700
升压电感 L_2/mH	5
滤波电容 C_2/μF	4 700
升压电感 L_3/mH	5
滤波电容 C_3/μF	4 700

（1）直流母线电压

图 5-20 给出了系统稳定性控制方法对直流母线电压的影响。由图 5-20（a）可知，提出的系统稳定性控制方法可以使直流母线电压 u_{DC} 维持在 550 V 左右，若在 $t=8$ s 时终止系统稳定性控制方法，则直流母线电压开始剧烈波动，上下波动幅度最高达 10%。若在 $t=15$ s 时重启系统稳定性控制方法，则直流母线电压经短暂时延趋于稳定，如图 5-20（b）所示。

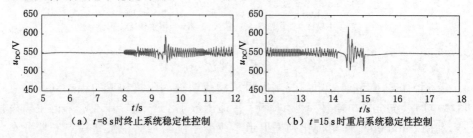

（a）$t=8$ s 时终止系统稳定性控制　　　　（b）$t=15$ s 时重启系统稳定性控制

图 5-20　系统稳定性控制方法对直流母线电压的影响

图 5-21 给出了系统稳定性控制方法对蓄电池输出电压和光伏电池输入电压的影响。由图可知，蓄电池接口变换器的输出电压 u_{Bat} 原本维持在 380 V，$t=8$ s 时 u_{Bat} 出现剧烈波动，$t=15$ s 时经短暂时延又趋于稳定。在系统稳定性控制方法的切换过程中，光伏接口变换器的输入电压 u_{PV} 始终维持在 96 V 左右，这是由于光伏电池发电单元始终运行于 MPPT 模式所致。

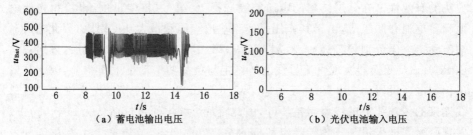

（a）蓄电池输出电压　　　　　　　　（b）光伏电池输入电压

图 5-21　系统稳定性控制方法对蓄电池输出电压和光伏电池输入电压的影响

（2）电源层输出功率

图 5-22 和图 5-23 给出了系统稳定性控制方法对电源层输出功率的影响。由图 5-22 可知，在系统稳定性控制方法作用下，模块 1 和模块 2 均分 11 kW 负荷功率，$t=7$ s 时终止系统稳定性控制方法，模块 1 和模块 2 的负荷功率均分状态被打破。考虑实际系统中的线路阻抗和采样延时，模块 1 承担的负荷功率大幅上升，模块 2 则大幅下降，甚至出现负值，这表明模块 2 中出现环流功率。

由图 5-23 可知，$t=15$ s 时重启系统稳定性控制方法，模块 1 和模块 2 的负

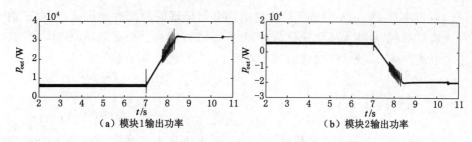

（a）模块1输出功率　　　　　　　　（b）模块2输出功率

图 5-22　$t=7$ s 时终止系统稳定性控制方法

荷功率分配重新回到平衡，原失稳状态和环流功率现象消失，系统达到稳定
状态。

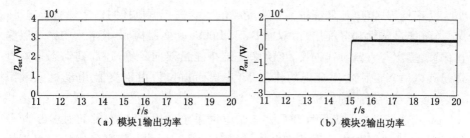

（a）模块1输出功率　　　　　　　　（b）模块2输出功率

图 5-23　$t=15$ s 时重启系统稳定性控制方法

（3）负荷功率

图 5-24 以模块 1 为例，给出了负荷接入和切除对电源层输出功率平衡分配
的影响。当系统接入一台游梁式抽采机时，模块 1 输出功率为 5.5 kW，负荷功
率在两模块间实现了平衡分配，$t=8$ s 时系统再接入一台游梁式抽采机，模块 1
输出功率瞬间增加到 11 kW，负荷功率在两模块间实现平衡分配，如图 5-24（a）
所示。$t=18$ s 时切除一台游梁式抽采机，模块 1 输出功率重新回到 5.5 kW，负
荷功率再次实现平衡分配，如图 5-24（b）所示。

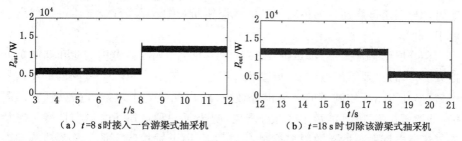

（a）$t=8$ s 时接入一台游梁式抽采机　　　　　（b）$t=18$ s 时切除该游梁式抽采机

图 5-24　负荷接入和切除对电源层输出功率平衡分配的影响

应当注意,图 5-24 中负荷接入和切除瞬间出现的功率高频振荡,是由于负荷之间是并联,当接入或切除负荷时,系统总负荷阻抗会随之减小或增大,导致浪涌电流产生,致使功率曲线出现超调或下冲,产生高频振荡。

5.7 本章小结

本章对煤层气开采交流供电系统进行了直流化改造,构建了包含 DERs、储能单元和游梁式抽采机的直流微电网系统,参考传统电力系统发电-输电-用电模式,设计了一种煤层气开采直流微电网系统的分层结构:第一层(能量供给层)由光伏电池和储能单元组成,光伏电池采用最大功率点跟踪模式(MPPT)实现最大功率捕捉,蓄电池储能单元作为受控电压源进行恒压控制以实现稳压输出;第二层(能量传输和分配层)由双向 Buck/Boost 变换器构成,其输入与第一层输出串联,输出与直流母线连接,该层除了维持能量双向传输,还起到动态平衡直流母线电压和负荷功率分配的作用;第三层(负荷层)由逆变器-电动机系统组成,负责驱动游梁式抽采机运行。

本章重点讨论了煤层气开采直流微电网系统的模型建立、稳定性分析与控制。首先,参考传统电力系统发电-输电-用电模式,构建了煤层气田地面直流微电网系统的分层结构:第一层负责能量供给,由光伏电池和储能单元组成;第二层担负能量传输和分配任务,由双向 Buck/Boost 变换器构成;第三层是用电负荷,由逆变器-电动机系统组成,负责驱动游梁式抽采机运行。

在分层结构的电压等级选择上:第一层(能量供给层)由光伏电池和储能单元并联组成,由于其作用是实现输出稳压和最大功率跟踪,因此输入和输出额定电压宜分别设置为 96 V 和 380 V;第二层(能量传输和分配层)采用双向 Buck/Boost 变换器实现直流母线电压稳定与负荷功率动态平衡调节,因此其输出额定电压设置为 550 V;为了分析问题方便,本章忽略了双向 Buck/Boost 变换器输出端与直流母线连接的传输线上的线路阻抗,因此直流母线电压可近似认为等于 550 V。

在分层结构框架下,本章推导了第一层(能量供给层)光伏电池和储能单元接口变换器,以及第二层(能量传输和分配层)双向 Buck/Boost 变换器的小信号模型,得到了闭环控制下的戴维南等效电路,由此建立了源端(电源层)输出阻抗。同时,在第二层(能量传输和分配层)提出了一种适用于含周期性变工况负荷直流微电网系统的有源阻尼控制方法,且利用下垂控制实现了负荷功率动态平衡分配。

本章通过建立由源端输出阻抗和荷端输入阻抗构成的煤层气开采直流微电

网系统全局小信号模型，求解了传递函数 $1/(1+Z_o(s)/Z_{in}(s))$ 的主导极点，利用 Middlebrook 阻抗比判据揭示了改变系统阻尼对于主导极点 z 域分布的变化规律：① 未采取有源阻尼控制方法时，主导极点位于不稳定区域；② 采取有源阻尼控制方法后，主导极点进入稳定区域；③ 随着虚拟阻抗取值不同，系统主导极点在稳定区域内按一定趋势变化。

6 应用于煤层气开采供电系统的节能方法

传统煤层气开采交流供电系统的电能质量问题不容忽视,主要表现在以下2个方面:

(1) 驱动游梁式抽采机运行的电动机在空载、轻载和重载之间交替变化,导致逆变器直流供电侧母线电压波动范围大,电压大范围波动会造成由直流供电侧电容处理的无功功率变大,使得配电网功率因数变化剧烈,且始终维持在0.3～0.5的低水平区间。

(2) 由于电动机在一个工作周期(冲次)内交替运行于重载、轻载和发电工况(周期性变工况),使得电动机设计额定功率远大于其实际运行功率,力能指标(效率和功率因数乘积)低下,"大马拉小车"问题严重,导致作为驱动游梁式抽采机运行动力来源的电动机,效率仅有30%左右。

为此,本章系统阐述了应用于煤层气开采供电系统的节能方法,特别是详细介绍了无功补偿技术在煤层气开采交流供电系统中的应用,以及周期性变工况负荷下的电动机节能途径。

6.1 无功补偿技术在煤层气开采供电系统中的应用

受地质特征、资源潜力和成藏条件等客观因素影响,传统煤层气开采供电系统一般以3～10口煤层气井作为一个供电单元,供电单元大都采用35 kV变电/10 kV高压输电/380 V低压配电这一交流供电模式。利用既有交流线路改造而来的供电模式,虽然得到了广泛应用,但具体到煤层气开采供电系统中,劣势仍较为明显:① 10 kV高压输电距离达到10 km以上,低压配电半径大都超出设计要求,供电线路冗长,一次投资成本高;② 配电用变压器大多工作于非经济运行区,有功和无功损耗大幅增加;③ 驱动游梁式抽采机运行的电动机在空载、轻载和重载之间交替变化,导致逆变器直流供电侧母线电压波动范围大;④ 电压大范围波动会造成由直流供电侧电容处理的无功功率变大,使得网侧功率因数低下;⑤ 以高压大功率变频器和开关电源为代表的电力电子设备的广泛使用,使得交流供电系统功率因数变低,电压波动变大,电能质量恶化。

综上所述,无论是从保证交流供电系统的安全稳定运行,还是从降低网损、提高电能质量的角度出发,有必要对应用于煤层气开采交流供电系统的无功补偿技术展开深入研究。

6.1.1　无功补偿装置介绍

无功补偿装置类型见表 6-1 所示。

表 6-1　无功补偿装置分类

无功补偿装置							
电容补偿器(FC)	同步调相机	饱和电抗器(SR)	机械投切电容器(MSC)	静止无功补偿器(SVC)			静止无功发生器(SVG)
				晶闸管投切电容器(TSR)	晶闸管投切电抗器(TCR)	混合型静止补偿器(TCR+FC,TSC+TCR)	

（1）早期的无功补偿装置

早期的无功补偿装置是同步调相机和固定补偿电容器。前者运行成本高,安装复杂,后者补偿容量不能连续调节,且可能与系统发生谐振。目前,同步调相机补偿方式已不再使用。

此外,机械开关投切电容器组(MSC)是一种比较简单的无功补偿装置,可分级、分组投切。因其价格低廉,目前在国内拥有广泛的市场。但是,MSC 不属于动态无功补偿,仅适用于负荷波动不太频繁的场合[126]。

（2）静止无功补偿器

目前广泛应用的动态无功补偿装置是静止无功补偿器(SVC)。据不完全统计,全世界正在运行的 SVC 装置已有上千套,总容量高达 100GVar 以上。

SVC 补偿装置具有响应速度快、可连续调节无功功率等特点,因而在电力系统中广泛应用。但是,SVC 补偿装置的铜耗和铁损都比较大,输出到交流侧的高次谐波较多,且电抗器的空间尺寸较大,SVC 补偿装置仍需进一步完善。

SVC 主要有以下几种形式:① 饱和电抗器型(SR 型 SVC)[127];② 晶闸管投切电容器型(TSC 型 SVC)[128];③ 固定电容-晶闸管控制电抗器型(FC-TCR 型 SVC)[129];④ 机械投切电容器-晶闸管控制电抗器型(MSC-TCR 型 SVC)[130];⑤ 晶闸管投切电容器-晶闸管控制电抗器型(TSC-TCR 型 SVC)[131]。几种 SVC 装置的结构如图 6-1 所示。

（3）可控串联电容补偿器

可控串联电容补偿器(TCSC)是一种基于晶闸管控制的串联补偿装置,主要应用于电能传输系统,以提高输电网的传输能力和系统稳定性,是近年来发展

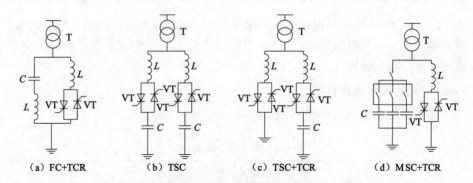

（a）FC+TCR　　　（b）TSC　　　（c）TSC+TCR　　　（d）MSC+TCR

图 6-1　几种 SVC 装置的结构图

起来的先进串联补偿技术[132]。

（4）静止无功发生器

静止无功发生器或高级静止无功补偿器即 SVG，又称 STATCOM。其本质是基于瞬时无功功率和补偿概念构成的交流换相器，原理是通过调节桥式电路交流侧输出电压的相位、幅值或者直接调节其交流侧电流进行无功功率的交换。SVG 分为电压型和电流型两种，由于电压型控制方便、损耗小，因此在实际中被广泛采用。与 SVC 相比，SVG 的优点有：① 调节速度更快，可以实现实时补偿；② 调节精度更高，能够满足按需补偿；③ 调节范围更宽，欠压条件下的无功调节能力更强；④ 通过调节桥式电路交流侧输出电压相位和幅值，可以减少输出侧高次谐波。STATCOM 的原理结构如图 6-2 所示，图中 VT 表示晶闸管，VD 表示续流二极管，u、v、w 表示三相，e 为理想电源，交流侧用理想电源串联等效电阻和等效电抗代表。

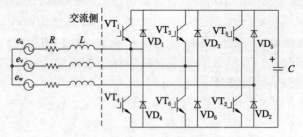

图 6-2　STATCOM 主电路结构

综上所述，同步调相机是早期的无功补偿装置，成本高昂、结构复杂，目前已不再使用。相比同步调相机，MSC 价格低廉、结构简单，虽然出现时间较早，但是结合先进控制技术，目前在无功负荷波动不太频繁的场合依然拥有广泛的市场。SVC 作为 SVG 或 STATCOM 出现前的一种过渡技术，目前已相当成熟并取得了广泛的工程应用。SVG 或 STATCOM 作为一种比 SVC 在补偿速度和补偿精度上表现更良好的动态无功补偿装置,已实现产业化并开始取得工程应用,但是由于成本高昂,目前还无法完全取代 SVC 在动态无功补偿领域里的作用。几种无功补偿装置性能比较如表 6-2 所示。

表 6-2　几种无功补偿装置性能比较

性能	同步调相机	MSC	SVC					SVG/STATCOM
			SR 型	TSC 型	FC-TCR 型	MSC-TCR 型	TSC-TCR 型	
控制方式	连续	不连续	连续	不连续	连续	连续	连续	连续
调节范围	超前/滞后	超前	超前/滞后	超前	超前/滞后	超前/滞后	超前/滞后	超前/滞后
调节灵活性	较好	差	差	较好	较好	较好	较好	好
响应速度	慢	较快	快	快	快	快	快	很快
调节精度	较高	低	较高	低	较高	较高	较高	高
高次谐波含量	少	无	少	无	多	多	多	少
技术成熟程度	成熟	成熟	成熟	成熟	成熟	成熟	成熟	较成熟
控制难易程度	简答	简答	简答	较复杂	较复杂	较复杂	较复杂	复杂
分相调节	有限	可以	不可以	有限	可以	可以	可以	可以
噪声	大	小	大	小	小	小	小	小
单位成本	高	低	中等	中等	中等	中等	中等	高

6.1.2　SVG 在煤层气开采交流供电系统中的应用

在周期性变工况负荷作用下,游梁式抽采机在一个周期(冲次)内的有功功率变化幅度较大,而无功需求基本不变,使得配电网功率因数变化剧烈,且始终维持在 0.3～0.5 的低水平区间。自 20 世纪 80 年代以来,动态无功补偿技术在煤矿中得到了广泛应用,实现了对煤矿供电系统的快速、实时和按需补偿。特别是随着三电平技术的应用,使得 SVG 性能得到进一步提升:① 主回路采用三电平逆变器,结合三电平 SVPWM 调制技术,使得输出谐波大幅降低;② 网侧连接电抗器电感值减小,SVG 装置体积和质量减小;③ 直流侧电容容量远小于需要补偿容量;④ 响应时间短,一般在 10 ms 以内。

为此,文献[133]设计了煤层气开采用游梁式抽水机静止无功发生器,在煤层气开采交流供电系统中取得了良好的应用效果。

(1) 三电平 SVG 主电路

基于三电平中点嵌位(Netrual point clamped,NPC)电压型逆变器的煤层气开采交流供电系统 SVG 主电路拓扑如图 6-3 所示。由图可知,每相输出有 3 种状态,即 P、O、N 状态。当某相开关管 S_{x1}、S_{x2} 导通且 S_{x3}、S_{x4} 关断时,该相交流侧连至逆变器直流侧正极,输出电压为 $+U_d$,$+U_d$ 代表 P 状态;当开关管 S_{x2}、S_{x3} 导通且 S_{x1}、S_{x4} 关断时,该相交流侧与逆变器直流侧中点连接,输出电压为 0,0 代表 O 状态;当开关管 S_{x1}、S_{x2} 关断且 S_{x3}、S_{x4} 导通时,该相交流侧连至逆变器直流侧负极,输出电压为 $-U_d$,$-U_d$ 为 N 状态(x 表示三相中的某一相标号,$x=$ 1,2,3,其中 1、2、3 分别表示 A、B、C 相)。通过一定的调制手段,就可以使逆变器交流侧输出三相三电平交流电压。

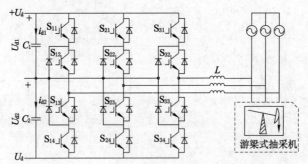

图 6-3　三电平中点嵌位型 SVG 主电路

(2) SVG 工作原理

三电平 SVG 的基本原理是将逆变器通过电抗器与配电网连接,通过调节逆变器交路侧输出电压的幅值和相位,使得逆变器能够吸收或释放满足要求的无功电流,从而实现对配电网的快速动态补偿。SVG 的单相等效电路如图 6-4(a) 所示,电网电压 $\dot{U}_S$ 为:

$$\dot{U}_S = \dot{U}_I + \dot{U}_L + \dot{U}_R \tag{6-1}$$

式中，$\dot{U}_I$ 为 SVG 交流侧输出电压；$\dot{U}_L$ 为电抗器上的电压降；$\dot{U}_R$ 为电阻上的电压降。根据式(6-1)可以得到如图 6-4 所示的等效电路图。

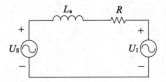

图 6-4　SVG 单相等效电路

由式(6-1)可知，对 $\dot{U}_I$ 选取适当的幅值和相位，可使 SVG 产生不同的作用：① 当调节 $\dot{U}_I$ 的幅值和相位使得交流侧电流超前网侧电压 90°时，此时 SVG 从网侧吸收纯容性的无功功率，从而实现对网侧功率因数的调节，如图 6-5(a)所示；② 当调节 $\dot{U}_I$ 的幅值和相位使得交流侧电流滞后网侧电压 90°时，此时 SVG 从网侧吸收纯感性的无功功率，同样可实现对网侧功率因数的调节，如图 6-5(b)所示。

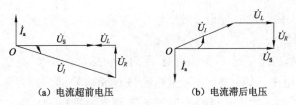

(a) 电流超前电压　　　　(b) 电流滞后电压

图 6-5　SVG 电压电流相量图

（3）三电平 SVG 双闭环控制策略

采用电压、电流双闭环控制策略的三电平 SVG 双闭环控制结构如图 6-6 所示。SVG 直流侧电压在电压环作用下保持稳定，电压环输出作为 SVG 电压环有功分量的给定值，以保证直流母线电压稳定。SVG 电流环的无功给定即系统中所需要补偿的无功电流量。通过电压前馈解耦，可得到 SVG 需要合成的调制波信号，通过三电平 SVPWM 调制生成相应的脉冲驱动信号控制 IGBT 的通断，使 SVG 向电网发出期望的无功功率，从而实现调节网侧功率因数的目的。

此外，在负载电流存在较低次谐波分量且谐波电流值不是很大的情况下，可以使用 SVG 对其进行补偿。此时，SVG 检测出待补偿对象负载电流的谐波分量，将其反极性后作为 SVG 输出补偿电流的指令信号，从而使 SVG 输出补偿电流与负载电流中的谐波分量大小相等、极性相反，因而两者相互抵消，使得网侧

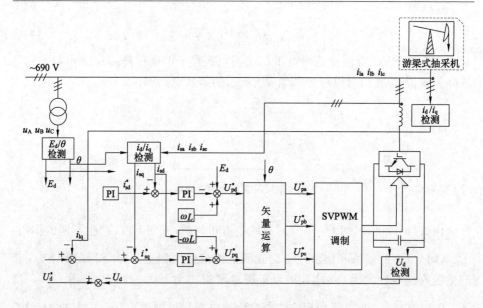

图 6-6   三电平 SVG 双闭环控制结构框图

电流只含基波,不含谐波。

(4) 补偿实例与能效分析

① 补偿明细

以晋城蓝焰煤层气公司南山片区为例,采用基于 NPC 逆变电路的 380V/100 kV·A 三电平 SVG 对 380V 配电网进行无功补偿。针对南山片区面积较大、区内煤层气井分散及电能传输距离远等特点,采取一对一补偿方式,对配电网内的变压器逐一补偿。经实测,区内需无功补偿的变压器共计 17 台,需补偿变压器的总容量为 2 665 kV·A,具体见表 6-3 所示。

表 6-3   需补偿变压器的容量

变压器编号	变压器容量/kV·A
0001~0009	200
0010	160
0011	125
0012~0016	100
0017	80

根据无功补偿原理,对区内变压器进行了无功补偿量计算,计算后得到区内

整体功率因数提高到 0.95 以上。具体数据明细见表 6-4 所示。

表 6-4　晋城蓝焰煤层气公司南山片区煤层气井低压配电网无功补偿明细

变压器 编号	容量 /kV·A	功率因数		有功功率/kW		无功功率/kVar		电费增 加率/%	补偿无功 功率/kVar
		min	max	min	max	min	max		
0001	200	0.20	0.73	19	63	75	82	54	85
0002	200	0.15	0.66	6	30	33	39	65	60
0003	200	0.15	0.65	9	50	63	71	53	85
0004	200	0.15	0.76	7	41	36	42	55	60
0005	200	0.14	0.69	12	51	66	70	60	75
0006	200	0.60	0.94	4	22	7	11	7	75
0007	200	0.22	0.82	14	63	44	54	40	90
0008	200	0.34	0.83	18	60	46	61	39	75
0009	200	0.22	0.72	10	51	48	55	52	70
0010	160	0.20	0.84	6	37	17	24	42	50
0011	125	0.45	0.90	4	21	11	14	14	60
0012	100	0.50	0.83	15	34	27	33	15	50
0013	100	0.15	0.66	7	30	36	39	66	55
0014	100	0.11	0.62	11	45	71	80	73	90
0015	100	0.18	0.79	6	27	19	23	49	55
0016	100	0.17	0.55	7	30	31	32	72	60
0017	80	0.20	0.82	6	31	15	20	41	50
合计									1 155

② 能效分析

a. 变压器综合节电估算

以南山片区 0001 号变压器为例进行节电估算。首先,变压器的有功功率节约值由下式给出:

$$\Delta P = P_0 + \left(\frac{P_2}{S_N}\right)^2 \times \left[\frac{1}{(\cos \varphi_1)^2} - \frac{1}{(\cos \varphi_2)^2}\right] \times P_K \qquad (6\text{-}2)$$

式中,ΔP 表示有功损耗节电量,kW;P_0 表示空载损耗,kW;P_2 表示变压器的负载功率,kW;S_N 表示变压器的额定功率,kW;P_K 表示额定负载损耗,kW;$\cos \varphi_1$ 表示变压器补偿前功率因数;$\cos \varphi_2$ 表示变压器补偿前功率因数。

经式(6-2)计算,求得有功功率节约值 $\Delta P = 0.58$ kW。

其次,变压器无功功率节约值由下式给出:

$$\Delta Q = Q_0 + \left(\frac{P_2}{S_N}\right)^2 \times \left[\frac{1}{(\cos \varphi_1)^2} - \frac{1}{(\cos \varphi_2)^2}\right] \times Q_K \tag{6-3}$$

式中,ΔQ 表示无功损耗节电量,kVar;Q_0 表示变压器的励磁功率,kVar;Q_K 表示变压器额定负载漏磁功率,kVar。

经式(6-3)计算,求得无功功率节约值 $\Delta Q = 4.3$ kVar。

再次,变压器的综合损耗节约值由下式给出:

$$\Delta P_Z = \Delta P + K_Q \Delta Q \tag{6-4}$$

式中,ΔP_Z 表示变压器综合节电量,kW;K_Q 表示无功经济当量,3 次变压取 0.08~0.1。

最后,将式(6-2)和式(6-3)的计算结果代入式(6-4),求得变压器的综合节电量 $\Delta P_Z = 0.967$ kW(其中 K_Q 取 0.09)。

假设南山片区电费 0.8 元/kW·h,变压器运行 30 天/月计算,经计算单台变压器月节电量可达 720 h×0.967 kW=696.24 kW·h,节约电费 696.24 kW·h×0.8 元/kW·h≈557 元。南山片区需补偿的变压器共计 17 台,那么月节电量约 11 836.08 kW·h,合计节约电费约 9 500 元。

b. 线路损耗节电估算

给出南山片区基本工况:输电线路全长 16.94 km,35 kV-箱站高压主进线线径为 120 mm²,箱站-各变压器高压主进线线径为 95 mm²,线路采用铝质材料,箱站-各变压器高压主线段采用 10 kV 供电。经测试可知,单台变压器安装前线路上的均值电流为 65 A,变压器安装后线路上的均值电流为 50 A。

线路电阻计算公式由式(6-5)给出:

$$R = \rho \frac{l}{S} \tag{6-5}$$

式中,R 是电阻,Ω;ρ 是电阻率,$\Omega \cdot m$;l 是导线长度,m;S 是导线的横截面积,m²。

线路节电计算公式由下式给出:

$$\Delta P = (I_1^2 - I_2^2) \times R \tag{6-6}$$

式中,ΔP 表示有功损耗节电量,kW;I_1 是补偿前电流,A;I_2 是补偿后电流,A。

根据式(6-5)和式(6-6),经计算求出整条线路的有功损耗节电量 $\Delta P = 4.35$ kW。

假设南山片区电费 0.8 元/kW·h,经计算线路月节电量可达 720 h×4.35 kW=3 132 kW·h,节约电费 3 132 kW·h×0.8 元/kW·h=2 505.6 元。

c. 功率因数提高及奖励

根据历年运行数据,SVG无功补偿方案实施前郑庄南山区块供电系统功率因数均值仅为0.5,每年需增加力调电费110万。方案实施后功率因数可达0.95,不仅避免了无功罚款,还可获得上级供电部门奖励,且奖励率为0.0075。由此可得月功率因数奖励费用＝月电量电费×功率因数奖励率＝27万元×0.0075＝0.20万元。

晋城蓝焰煤层气公司南山片区变压器的设计总容量为2 665 kV·A,实际需容量为1 120 kV·A,在采用SVG无功补偿方案后,系统设计容量将有效降低。上级供电部门基本容量费为24元/月·kV·A,节约容量为2 665－1 120＝1 545 (kV·A),因此每月可节约基本电费:1545kV·A×24元/月·kV·A＝37 080元。

6.2　周期性变工况条件下的电动机节能途径研究

常规游梁式抽采机由电动机、四连杆机构、排水杆和排水泵等组成,电动机作为驱动游梁式抽采机运行的动力来源,其效率仅有30%左右。究其原因:① 电动机在一个工作周期(冲次)内交替运行重载、轻载和发电工况(周期性变工况),力能指标(效率和功率因数乘积)低下;② 电动机设计额定功率远大于其实际运行功率,"大马拉小车"问题严重;③ 周期性变工况下电动机出现二次能量转换,导致游梁式抽采机工作效率低下。

为此,本节系统总结了电动机节能技术,特别对于周期性变工况条件下的电动机节能途径做了详细介绍。

6.2.1　电动机节能技术概述

(1) 星角转换控制

星角转换实现方式是在电动机输入电压不变的前提下,通过改变电动机绕组连接方式,实现对电动机绕组电压的控制。当电动机运行功率小于其额定功率的1/3时,绕组即从角接转换为星接[134]。星角转换控制方法简单,可较大程度减小铁耗。

(2) 最优调压控制

调压控制的基本原理是在线跟踪监测负荷变化,根据输入功率和负载转矩求得最优电压曲线,利用电力电子器件实现对电源电压的变换和调节。其中,应用最多、技术手段最成熟的一种调压控制是可控硅调压[135],该调压方法的缺点是谐波含量大,不能实现无谐波调压。

(3) 电动机本体节能改造

目前,对电动机本体节能改造的研究主要集中于永磁同步电机和高转差率电机。永磁同步电机运行时功率因数接近于1,因此流经绕组和线路中的电流几乎不含无功分量,可较大程度降低铜耗。此外,永磁同步电机的功率密度一般较大,相同容量条件下体积要小于异步电机,因此铁磁材料使用量相对减少,可有效降低铁耗。目前,由永磁同步电机驱动的游梁式抽采机已取得了初步应用[136]。高转差率电机主要用于振动载荷较大的场合,对于低冲次和大冲程的应用场合,其节能效果大幅降低。

(4)断续供电控制

针对油田机采系统中周期性变工况条件下,驱动抽油机运行的电动机在相当长一段时间内处于空载和发电状态的问题,通过在空载和发电状态断电运行,在动能释放完毕的恰当时刻重新通电运行,可避免断电阶段电动机内部各项损耗的能量流失,其是一种在一个周期内部分时段施加零电压的特殊调压控制[137]。断续供电控制的缺点是重合闸操作的涌流会带来很大的损耗和机电冲击,难以实现快速软投入。

(5)变频节能控制

在煤层气井机采系统中,通过改变电动机供电电源频率实现周期性变工况条件下的运行速度调整,取代传统电磁滑差调节器,可在一定程度上避免"大马拉小车"问题[138]。采用变频节能控制虽然可以实现运行速度周期性调整,但是变频器的大范围使用会产生较大谐波污染。

(6)游梁式抽采机电动机变频-恒频分段控制

针对煤层气井机采系统周期性变工况负荷引起的电能浪费问题,可采用一种计及四连杆机构运动规律的游梁式抽采机电动机变频-恒频分段节能控制方法[139]。与断续供电方法不同,分段控制方法把一个周期(冲次)划分为变频区间和恒频区间,通过在不同区间交替改变电动机供电模式实现节能,具有较强通用性,是一种潜力较大的节能途径。

6.2.2 周期性变工况负荷下的电动机常用节能技术分析

(1)断续供电技术

① 断续供电技术基本原理

大量油田实测数据表明[140]:在周期性变工况负荷作用下,驱动抽油机运行的电动机在一个周期内存在4种工况:重载、轻载、空载和发电,且空载和发电工况持续时间超过30%。特别是在发电工况下,感应电动势上升引起铁芯过饱和,导致电动机铁耗增加,同时无功交换增多导致线损进一步增大。因此,周期性变工况负荷下电动机较为有效的节能途径之一是在轻载或发电工况下切断电源,依靠重力势能的释放使得油田机采系统能够继续稳定运行,待进入电动状态且转速正常后重新投入电源,这就是断续供电技术的基本原理。

② 断续供电技术节能机理分析

抽油机电动机的典型负荷如图 6-7 所示。由图可知,断电区间 B 内的电动区域是势能积累过程,发电区域则是势能释放的过程。当油田机采系统进入断电区间 B 时,由于电动机没有输出电磁转矩,抽油机依靠惯性继续运行,此时动能转化为势能,机采系统进入减速阶段;当进入发电区域时,势能已积累

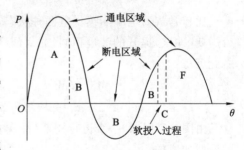

图 6-7　抽油机电动机的典型负荷示意图

到最大,并开始转化为动能,机采系统进入加速阶段并超越同步转速;当机采系统再次进入电动区域时,动能开始转化为势能,随着电动机回落至同步转速,增加的动能已完全转化为势能,此时接通电源完成一次断电控制。根据能量守恒定律,断电区间内的发电区域能量可用于中和其电动区域的能量,而在这一过程中,电动机始终处于断电区间,自身损耗为零,以实现节能的目的。

根据上述分析可知,断电区间内电动机损耗与输出力矩为零,抽油机通过自身动能与势能转化实现其持续上下往复运行,这一过程中的能量转化仅由机械环节实现,与电能传输无关。常规通电与断电控制方式下的电动机输入功率均满足下式:

$$
\begin{cases}
\int_0^{T_0} P_1 \mathrm{d}t = \int_0^{T_0} P_\Sigma \mathrm{d}t + \int_0^{T_0} P_2 \mathrm{d}t \\
\int_0^{T'_0} P'_1 \mathrm{d}t = \int_0^{T'_0} P'_\Sigma \mathrm{d}t + \int_0^{T'_0} P'_2 \mathrm{d}t
\end{cases}
\tag{6-7}
$$

式中,P_1、P_2 是常规通电运行时的电机输入和输出功率;P_Σ、T_0 是常规通电运行时的电机损耗和运行周期;P'_1、P'_2 是断续供电运行时的电机输入和输出功率;P'_Σ、T'_0 是断续供电运行时的电机损耗和运行周期。

电动机在一个运行周期(冲次)内对外所做的功主要包括完成抽取井下液体做功、克服系统摩擦做功、动能以及势能变化量:

$$
\begin{cases}
\int_0^{T_0} P_2 \mathrm{d}t = W_Y + W_J + \Delta W_D + \Delta W_S \\
\int_0^{T'_0} P'_2 \mathrm{d}t = W'_Y + W'_J + \Delta W'_D + \Delta W'_S
\end{cases}
\tag{6-8}
$$

式中,W_Y 和 W_J 分别是常规通电运行时提升液体做功和克服摩擦做功;W'_Y 和 W'_J 分别是断续供电运行时提升液体做功和克服摩擦做功;ΔW_D 和 ΔW_S 分别是常规通电运行时动能变化量和势能变化量;$\Delta W'_D$ 和 $\Delta W'_S$ 分别是断续供电运行时动能变化量和势能变化量。

比较常规通电和断续供电两种状态,由于悬点冲程和井下参数不变,一个运行周期(冲次)提升的液量相同,那么回到初始位置时的势能、动能变化量为零。由此可得:

$$\begin{cases} W_{\text{Y}} = W'_{\text{Y}} \\ \Delta W_{\text{D}} = \Delta W_{\text{S}} = \Delta W'_{\text{D}} = \Delta W'_{\text{S}} = 0 \end{cases} \tag{6-9}$$

由图 6-7 可知,一个运行周期(冲次)内电动机在两种状态下的损耗是由不同区域构成的:

$$\begin{cases} \int_0^{T_0} P_{\Sigma} = W_{\Sigma \text{AF}} + W_{\Sigma \text{B}} + W_{\Sigma \text{C}} \\ \int_0^{T'_0} P'_{\Sigma} = W'_{\Sigma \text{AF}} + W'_{\Sigma \text{B}} + W'_{\Sigma \text{C}} \end{cases}$$

断续供电技术的断电及电源投入时刻选择的不同,其节能效果差异很大。如果只选择发电区域 B 断电,则节电率会明显降低甚至出现负值;如果只选择功率下降的电动区域 A 断电,则会有一定的节电效果,但运行参数会有明显变化。为了实现较为理想的节电率,应满足以下要求:① 断电后电机转速达到同步转速附近时投入电源;② 在满足运行要求的基础上,延长断电时间;③ 选择电动下降区域断电。

(2) 游梁式抽采机电动机变频-恒频分段控制

① 游梁式抽采机电动机变频-恒频分段控制基本原理

传统上,游梁式抽采机的一个运行周期(冲次)划分为上冲程和下冲程:上冲程表示驴头悬点从下死点运行至上死点的过程;下冲程表示驴头悬点从上死点运行至下死点的过程。上、下冲程的划分方法简单、直观,完整描述了游梁式抽采机的一个运行周期(冲次),但是无法刻画能量转化的不同阶段。特别地,按照传统上、下冲程划分方法,下冲程悬点载荷在重力势能的作用下带动电动机旋转,电动机参与能量转换,游梁式抽采机的重力势能转化为动能和电动机的电能,电动机出现倒发电现象,造成电能的严重浪费。

针对煤层气井机采系统周期性变工况负荷引起的电能浪费问题,可采用一种计及四连杆机构运动规律的游梁式抽采机电动机变频-恒频分段节能控制方法,通过在不同区间交替改变电动机供电模式实现节能。与传统上、下冲程划分方法不同,分段控制方法根据能量转化的不同阶段把一个周期(冲次)划分为变频区间和恒频区间,如图 6-8 所示。由图可知,变频区间的范围为 $[0, \theta_x]$,恒频区间的范围为 $[\theta_x, 2\pi]$,θ_x 表示从变频区间切换到恒频区间的曲柄临界位置角。

② 游梁式抽采机电动机变频-恒频分段控制机理分析

变频区间从上死点开始,到曲柄速度减小到 ω_1 为止。在变频区间内,游梁式抽采机电动机不做功,能量转化完全在游梁式抽采机和悬点载荷之间进行。根据能量守恒定律有:

$$\Delta G_\mathrm{m} + \Delta E_\mathrm{m} + \Delta G_\mathrm{c} + \Delta E_\mathrm{c} = 0 \tag{6-10}$$

式中,ΔG_m 和 ΔE_m 分别表示等效曲柄配重 Q_m 的重力势能和动能变化;ΔG_c 和 ΔE_c 分别表示悬点载荷的重力势能和动能变化。

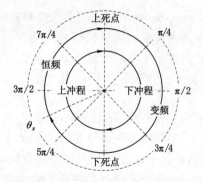

图 6-8 变频 恒频分段控制示意图

ΔG_m、ΔE_m、ΔG_c 和 ΔE_c 由下式给出:

$$\begin{cases}\Delta G_\mathrm{m} = Q_\mathrm{m} R\left[\cos\left(\theta_x - \alpha - \pi\right) - \cos\left(\theta_2 - \alpha - \pi\right)\right] \\ \Delta E_\mathrm{m} = \dfrac{Q_\mathrm{m}}{2g}\left[\left(\dfrac{\mathrm{d}\theta_2}{\mathrm{d}t}\right)^2 - \omega_1^2\right] \\ \Delta G_\mathrm{c} = P_\mathrm{down} A\left(\Psi_\mathrm{max} - \Psi_\mathrm{min}\right) - P_\mathrm{up} A\left(\Psi_\mathrm{max} - \Psi_x\right) \\ \Delta E_\mathrm{c} = \dfrac{P_\mathrm{up}}{2g} v_x^2 \end{cases} \tag{6-11}$$

其中:

$$\begin{cases}\Psi_x = \arccos\dfrac{C^2 + L^2 - P^2}{2CL} + \arcsin\dfrac{R\sin\theta_x}{L} \\ v_x = \dfrac{\mathrm{d}(\pi - \Psi_x)}{\mathrm{d}t} = -\dfrac{\mathrm{d}\Psi_x}{\mathrm{d}t} \end{cases} \tag{6-12}$$

式中,Ψ_x 和 v_x 分别为 θ_x 对应的 Ψ 和悬点速度;P_up 和 P_down 分别为上、下冲程悬点载荷。

将 $\dfrac{\mathrm{d}\theta_2}{\mathrm{d}t} = \omega_1$ 代入式(6-10),并联立式(6-11)可得从变频区间切换到恒频区间的曲柄临界位置角 θ_x:

$$\theta_x = \arccos\left[P_\mathrm{down} A\left(\Psi_\mathrm{max} - \Psi_\mathrm{min}\right) + \dfrac{P_\mathrm{up}}{2g} v_x^2 + \cos\theta - P_\mathrm{up} A\left(\Psi_\mathrm{max} - \Psi_x\right)\right] + \alpha \tag{6-13}$$

将式(6-11)、(6-12)和(6-13)代入式(6-10)中,得到变频区间的曲柄角速度 ω:

$$\omega = \sqrt{\omega_1^2 - \dfrac{2g}{Q_\mathrm{m}}\left(\Delta G_\mathrm{m} + \Delta G_\mathrm{c} + \Delta E_\mathrm{c}\right)} \tag{6-14}$$

显然,式(6-14)是关于 ω 的一阶超越方程,普通求解方法无能为力,采用

Runge-Kutta 算法求得其数值解速度快、精度高,在工程上应用较为方便。由于曲柄角速度与电动机转速之间存在一个传动系数 k,所以由式(6-14)可进一步反向求解变频器的输出频率为:

$$f = \frac{30kf_1}{\pi n_1}\omega \tag{6-15}$$

式中,f_1 为电源额定频率,且 $f_1 = 50$ Hz;n_1 为电动机额定转速,r/min。

恒频区间为从恒定转速 ω_1 到上死点。在恒频区间内,变频设备重新投入工作,输出电磁转矩,使电动机(曲柄)恢复匀速运行。游梁式抽采机电动机变频-恒频分段控制机理如图 6-9 所示。

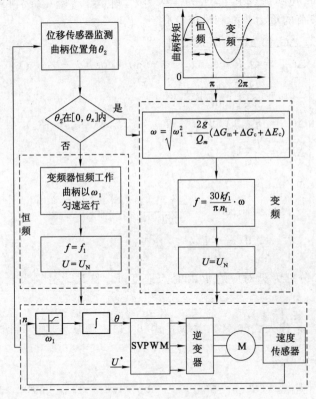

图 6-9 游梁式抽采机电动机变频-恒频分段控制方法

6.3 本章小结

传统煤层气开采交流供电系统的电能质量问题不容忽视,主要表现在以下

2个方面：① 驱动游梁式抽采机运行的电动机在空载、轻载和重载之间交替变化，导致逆变器直流供电侧母线电压波动范围大，电压大范围波动会造成由直流供电侧电容处理的无功功率变大，使得配电网功率因数变化剧烈，且始终维持在0.3～0.5的低水平区间；② 由于电动机在一个工作周期（冲次）内交替运行于重载、轻载和发电工况（周期性变工况），使得电动机设计额定功率远大于其实际运行功率，力能指标（效率和功率因数乘积）低下，"大马拉小车"问题严重，导致作为驱动游梁式抽采机运行动力来源的电动机，效率仅有30%左右。

　　为此，本章系统阐述了应用于煤层气开采供电系统的节能方法。首先，介绍了无功补偿装置，特别是静止无功发生器在煤层气开采交流供电系统中的应用；其次，总结了电动机节能技术，详细分析了周期性变工况负荷下的电动机节能途径。

7 煤层气开采直流微电网系统前景展望

7.1 构建煤层气开采直流微电网系统的可行性分析

由于直流网络所具有的一系列优点,以及分布式电源的不断发展,配电直流化已引起国内外学者的广泛关注,特别是直流微电网已成为构建智能配电网的重要一环。针对传统煤层气开采交流供电系统存在的诸多用电不合理问题,考虑到煤层气开采供电系统既是相对独立的用电单元,又是交流配电网络的组成部分,因此有必要对煤层气开采直流微电网系统及其关键技术进行深入研究。

目前,煤层气开采直流微电网系统及其关键技术仍处于理论分析和实践应用的初始阶段,相关示范项目与工程应用也已逐步展开。本书作者所在的研究团队联合晋城蓝焰煤层气公司,着手搭建了应用于煤层气开发的小功率直流微电网试验平台。该试验平台的硬件模块主要包括:① 10 kW 光伏电池板及 Boost 变换器模块;② 100A·h/12 V 蓄电池及双向 Buck/Boost 变换器模块;③ 三相并网 PWM 整流器模块;④ 2 台额定功率 11 kW 三相异步电动机驱动的 CYJY4-1.5-9HB 型常规游梁式抽采机。部分硬件模块如图 7-1 所示。

(a) 分布式发电与储能   (b) 游梁式抽采机

图 7-1　试验平台部分硬件模块

尽管涉及煤层气开采直流微电网系统的关键技术和工程应用仍处于起步阶段,但是诸如煤层气开采直流微电网系统的拓扑结构、模型建立、稳定性分析、电压稳定控制以及协调运行等方面的研究已逐渐深入。具体地,如何利用切换系统理论在电力电子变换器建模和控制中的应用,以及前馈控制和母线电压补偿控制对直流母线电压波动的有效抑制,对已有研究成果应用于煤层气开采直流微电网系统的可行性进行深入分析。目前,机车牵引、航空航天、通信数据中心、舰船推进以及电动汽车等领域的直流化已全面铺开[141-145],相关研究成果也为煤层气开采直流微电网系统的可行性提供了一定的参考和依据。

本书所述内容旨在对煤层气开采交流供电系统进行直流化改造,构建了包含DERs、储能单元和游梁式抽采机的直流微电网系统,系统总结了煤层气开采直流微电网系统的拓扑结构、模型建立、稳定性分析、电压稳定控制以及协调运行等方面的研究进展,详细阐述了应用于煤层气开采供电系统的节能方法,特别是无功补偿技术在煤层气开采交流供电系统中的应用,以及周期性变工况负荷下的电动机节能途径,评估了煤层气开采直流微电网系统的可行性,展望了煤层气开采直流微电网系统的未来发展前景。应当指出的是,即使涉及煤层气开采直流微电网系统的关键理论和技术日趋成熟,短期内煤层气开采供电系统的直流化改造仍然难以实施或全面铺开,主要原因是由煤层气开发公司成本和配套电气装备制造企业所致。在可预见的未来,随着传统电力系统与电力电子技术的深度融合,煤层气开采供电系统将从部分直流化逐步过渡为全面直流化[146]。

针对传统煤层气开采交流供电系统存在的诸多用电不合理问题,本书作者所在的研究团队从构建煤层气开采直流微电网系统出发,旨在从根本上解决交流网络的固有缺陷。目前,无论是电压等级还是功率容量,分布式发电、储能以及交直流并网接口变换器均能很好满足周期性变工况条件下游梁式抽采机电动机的负荷需求。同时,直流电网在机车牵引、航空航天、通信数据中心、舰船推进以及电动汽车等领域的全面铺开,也为煤层气开采直流微电网系统的落地提供了一定的参考和借鉴。从长远看,构建煤层气开采直流微电网系统符合电力电子化电力系统的发展趋势,具有未来可实现的可行性。

7.2 未来展望

7.2.1 直流微电网的未来发展方向

目前,随着柔性直流理论和技术的不断进步,能源互联网的概念已受到国内外专家的广泛热议。能源互联网是基于互联网理念构建的综合能源信息广域网。其中,大电网是能源互联网的"电力主干网",智能配电网是"局域网"。作为构建能源互联网的重要一环,微电网特别是直流微电网将是实现能量路由、能量缓冲和能量管理等关键技术的核心。从近期看,直流微电网的未来发展方向大概有以下几个方面:

（1）直流微电网的通信技术

与交流微电网的通信技术类似,直流微电网通过配网级、微网级和单元级的各控制器,采集和共享不同特性的分布式发电单元信息实现协调运行。功率半导体器件作为接口电路的分布式发电单元与常规同步机的特性有很大差别,通信技术的可靠性和低延时对微电网的运行控制与能量管理起到了至关重要的作用,如何在响应速度不同的设备间建立联系已成为网关技术面临的挑战之一。因此,通信协议的标准化,以及对低功耗、高性能、标准型网关的需求将成为未来直流微电网通信技术的重要发展方向[147]。

（2）电力电子接口变换器

直流微电网本质上是一类多种形式电力电子接口变换器级联的系统。其中,分布式发电单元接口电路包括 DC/DC 和 AC/DC 2 种变换器,用电负荷接口电路包括 DC/DC 和 DC/AC 2 种变换器。由于并网接口变换器的存在,使得交流主网与直流微电网之间的能量交换既可以是单向的也可以是双向的,这就说明并网接口电路的形式会随潮流的不同而改变。文献[148]提出了一种应用于双母线直流微电网拓扑的电压平衡器(Voltage balancer),用来平衡主母线与从母线的能量分配。文献[149]对直流微电网内的各接口变换器进行了仿真分析与总结。与交流微电网的电力电子接口变换器相比,直流微电网内的接口电路结构更为紧凑,控制也更为简单,系统重构能力更强,更能满足模块化的要求。

（3）直流微电网的保护

直流微电网的安全问题主要包括电弧、火灾隐患和人身安全等。目前,直流微电网的保护缺乏相应的标准、执行准则和实际操作的经验。为此,在设计直流微电网的保护系统时,应着重分析交流微电网的哪些标准可以应用于直流微电网,同时借鉴直流牵引的保护经验[150]。

7.2.2 构建煤层气开采直流微电网系统需要注意的几个问题

不同于近年来千篇一律的直流微电网基础理论研究,煤层气开采直流微电网系统及其关键技术的研究具有广阔的工程应用价值。在项目的具体实施过程中,要综合考虑构建煤层气开采直流微电网系统的使用环境、负荷条件和电压等级,配合直流配用电技术在舰船电力、数据中心、机车牵引和电动汽车等领域的研究成果,从拓扑结构、模型建立、稳定性分析、电压稳定控制以及协调运行等方面着手,对煤层气开采直流微电网系统及其关键技术进行深入研究。项目的成功实施具有广阔的应用前景,将为煤层气开采供电系统直流化改造提供坚实的理论指导和科学依据。从长远看,开展煤层气开采直流微电网系统及其关键技术的研究与实践,将进一步丰富和拓展微电网技术的理论体系和应用范围,促进煤层气产业的高质量发展,对推进我国能源供给侧结构性改革具有重要意义。

通过对涉及煤层气开采直流微电网系统关键技术的前期研究,本书作者所在的研究团队在周期性变工况负荷条件下的电动机优化运行、直流微电网供电下多台游梁式抽采机的协调运行控制以及煤层气开采直流微电网系统的稳定性分析与控制等方面取得了一定的研究成果。本书所述内容是对作者近年来学习和科研工作的系统总结,然而受个人精力、时间及特定试验条件等因素的限制,关于煤层气开采直流微电网系统的研究仍然存在着不足和值得继续深入研究的地方,现归纳如下:

(1) 本书关于直流微电网供电下多台游梁式抽采机协调运行控制的讨论,前提是在游梁式抽采机电动机周期性变工况负荷作用下,2 台游梁式抽采机之间的运行间隔 $1/2$ 个周期(冲次)。虽然建立了计及单一负荷特点、以及多负荷同时运行存在的时序和方向的统一负荷模型,但是没有深入分析负荷模型中的时序和方向对直流母线电压波动及多台抽采机协调运行的影响。同时,本书以直流微电网供电下 2 台游梁式抽采机的协调运行控制为例进行研究,2 台以上游梁式抽采机的协调运行控制是否可以照搬,需要进一步深入研究。

(2) 在分层结构框架下,本书建立了由源端输出阻抗和荷端输入阻抗构成的煤层气开采直流微电网系统的全局小信号模型,探讨了含周期性变工况负荷的直流微电网系统稳定性问题。需要注意的是,储能单元接口变换器和并网接口变换器所具有的功率双向传输特性,一定程度上模糊了电源输出阻抗与负荷输入阻抗的界限,使得单一能流方向下(电源层输出功率负荷层输入功率)的直流微电网系统模型与稳定性分析具有一定局限性。下一步,如何针对双向能流下的直流微电网系统开展模型建立与稳定性分析研究,是完善直流微电网系统理论的重要步骤。

(3) 在实际应用中由于光伏发电的间歇性和储能容量的限制,导致煤层气开采直流微电网系统较难独立维持游梁式抽采机电动机持续满负荷运行,能量缺额一般需通过交直流并网接口变换器从交流主网补充。为了提高孤岛模式下煤层气开采直流微电网系统的供电可靠性,后续可考虑接入低浓度瓦斯发电机,在确保微电网系统能量供需平衡的前提下,还可实现煤层气特别是低浓度瓦斯的就地转化利用。

参 考 文 献

[1] 张玉卓,蒋文华,余珠峰,等.世界能源发展趋势及对我国能源革命的启示[J].中国工程科学,2015,17(9):140-145.

[2] 邹才能,赵群,等.能源革命:从化石能源到新能源[J].天然气工业,2016,36(1):1-10.

[3] 何建坤.中国能源革命与低碳发展的战略选择[J].武汉大学学报(哲学社会科学版),2015,68(1):5-12.

[4] 李五忠,孙斌,孙钦平,等.以煤系天然气开发促进中国煤层气发展的对策分析[J].煤炭学报,2016,41(1):67-71.

[5] 张道勇,朱杰,赵先良,等.全国煤层气资源动态评价与可利用性分析[J].煤炭学报,2018,43(6):1598-1604.

[6] 樊振丽,申宝宏,胡炳南,等.中国煤矿区煤层气开发及其技术途径[J].煤炭科学技术,2014,42(1):44-49.

[7] 钱鸣高.煤炭的科学开采[J].煤炭学报,2010,35(4):529-534.

[8] 袁亮.卸压开采抽采瓦斯理论及煤与瓦斯共采技术体系[J].煤炭学报,2009,34(1):1-8.

[9] 王浩,王聪,白利军.煤层气抽采地面供电系统节能关键技术探讨[J].河南理工大学学报(自然科学版),2017,36(3):104-110.

[10] 白利军,王浩,王聪,等.煤层气抽采直流微网供电系统设计探讨[J].煤炭工程,2017,49(2):17-19.

[11] 聂如青.煤层气地面开采供电系统无功补偿技术及应用[J].机电技术,2017(4):64-66.

[12] 田世明,王蓓蓓,张晶.智能电网条件下的需求响应关键技术[J].中国电机工程学报,2014,34(22):3576-3589.

[13] 康重庆,姚良忠.高比例可再生能源电力系统的关键科学问题与理论研究框架[J].电力系统自动化,2017,41(9):2-11.

[14] ROBERT H LASSETER. MicroGrids[C]. IEEE Engineering Society Winter Meeting. New York, USA, 2002:305-308.

[15] 张建华,苏玲,陈勇,等.微网的能量管理及其控制策略[J].电网技术,2011,35(7):24-28.

[16] 丁明,张颖媛,茆美琴.微网研究中的关键技术[J].电网技术,2009,33(11):6-11.

[17] MD TANVIR ARAFAT KHAN,ALIREZA AFIAT MILANI,ARANYA CHAKRABORTTY,et al. Dynamic modeling and feasibility analysis of a solid-state transformer-based power distribution system[J]. IEEE Transactions on Industry Applications,2018,54(1):551-562.

[18] JON CLARE. Advanced power converters for universal and flexible power management in future electricity networks[C]. 2009 13th European Conference on Power Electronics and Applications,2019:1-29.

[19] JOSEP M GUERRERO,JUAN C VASQUEZ,JOSÉ MATAS,et al. Hierarchical control of droop-controlled AC and DC microgrids – a general approach toward standardization[J]. IEEE Transactions on Industrial Electronics,2011,58(1):158-172.

[20] 李祥山,杨晓东,张有兵,等.含母线电压补偿和负荷功率动态分配的直流微电网协调控制[J].电力自动化设备,2020,40(1):198-204.

[21] 张辉,闫海明,支娜,等.基于母线电压微分前馈的直流微电网并网变换器控制策略[J].电力系统自动化,2019,43(15):166-171.

[22] 米阳,蔡杭谊,袁明瀚,等.直流微电网分布式储能系统电流负荷动态分配方法[J].电力自动化设备,2019,39(10):17-23.

[23] 王盼宝,王卫,孟尼娜,等.基于运行模式与运行指标综合评价的直流微电网优化配置[J].电网技术,2016,40(3):741-748.

[24] 张宋杰,秦文萍,任春光,等.双极性直流微电网混合储能系统协调控制策略[J].高电压技术,2018,44(8):2761-2768.

[25] YUNJIE GU,WUHUA LI,XIANGNING HE. Analysis and control of bipolar LVDC grid with DC symmetrical component method[J]. IEEE Transactions on Power Systems,2016,31(1):685-694.

[26] SEBASTIAN RIVERA,BIN WU,SAMIR KOURO,et al. Electric vehicle charging station using a neutral point clamped converter with bipolar DC bus[J]. IEEE Transactions on Industrial Electronics,2015,62(4):1999-2009.

[27] 李霞林,张雪松,郭力,等.双极性直流微电网中多电压平衡器协调控制[J].电工技术学报,2018,33(4):721-729.

[28] DUSHAN BOROYEVICH, IGOR CVETKOVIĆ, DONG DONG, et al. Future electronic power distribution systems: a contemplative view[C]. 2010 12th International Conference on Optimization of Electrical and Electronic Equipment. Basov, Romania, 2010: 1369-1380.

[29] 任春光, 赵耀民, 韩肖清, 等. 双直流母线直流微电网的协调控制[J]. 高电压技术, 2016, 42(7): 2166-2173.

[30] JAE-DO PARK, JARED CANDELARIA, LIUYAN MA, et al. DC ring-bus microgrid fault protection and identification of fault location[J]. IEEE Transactions on Power Delivery, 2013, 28(4): 2574-2584.

[31] SEYEDALI MOAYEDI, ALI DAVOUDI. Distributed tertiary control of DC microgrid clusters[J]. IEEE Transactions on Power Electronics, 2016, 31(2): 1717-1733.

[32] 施婕, 郑漳华, 艾芊. 直流微电网建模与稳定性分析[J]. 电力自动化设备. 2010, 30(2): 86-90.

[33] 王晓兰, 李晓晓. 孤岛模式下风电直流微电网小信号稳定性分析[J]. 电力自动化设备, 2017, 37(5): 92-99.

[34] 李晓晓, 王晓兰, 魏腾飞. 一致性控制的交直流微源混联直流微电网阻抗模型及小信号稳定性分析[J]. 高电压技术, 2019, 45(9): 2876-2883.

[35] RUSSELL D MIDDLEBROOK. Input filter consideration in design and application of switching regulators[C]//IEEE Industry Application Society Annual Meeting. Chicago, Illinois, 1976: 366-382.

[36] 杜韦静, 张军明, 张阳, 等. 一种新型研究 Boost 电路大信号稳定性的模型[J]. 电工技术学报, 2013, 28(3): 188-194.

[37] 刘欣博, 高卓. 考虑恒功率负载与储能单元动态特性的直流微电网系统大信号稳定性分析[J]. 电工技术学报, 2019, 34(S1): 292-299.

[38] DIDIER MARX, PIERRE MAGNE, BABAK NAHID-MOBARAKEH, et al. Large signal stability analysis tools in DC power systems with constant power loads and variable power loads—a review[J]. IEEE Transactions on Power Electronics, 2012, 27(4): 1773-1787.

[39] LONG TENG, YOUYI WANG, WENJIAN CAI, et al. Robust fuzzy model predictive control of discrete-time takagi-sugeno systems with nonlinear local models[J]. IEEE Transactions on Fuzzy Systems, 2018, 26(5): 2915-2925.

[40] HYE-JIN KIM, SANG-WOO KANG, GAB-SU SEO, et al. Large-signal

stability analysis of DC power system with shunt active damper[J]. IEEE Transactions on Industrial Electronics,2016,63(10):6270-6280.

[41] 厉泽坤,孔力,裴玮,等.基于混合势函数的下垂控制直流微电网大扰动稳定性分析[J].电网技术,2018,42(11):3725-3734.

[42] 厉泽坤,孔力,裴玮.直流微电网大扰动稳定判据及关键因素分析[J].高电压技术,2019,45(12):3993-4002.

[43] DANIEL LIBERZON,A STEPHEN MORSE. Basic problems in stability and design of switched systems[J]. IEEE Control Systems Magazine, 1999,19(5):59-70.

[44] HAI LIN, PANOS J ANTSAKLIS. Stability and stabilizability of switched linear systems:a survey of recent results[J]. IEEE Transactions on Automatic Control,2009,54(2):308-322.

[45] ALEXANDRE KRUSZEWSKI, JIANG WENJUAN, EMILIA FRID-MAN, et al. A switched system approach to exponential stabilization through communication network[J]. IEEE Transactions on Control Systems Technology,2012,20(4):887-900.

[46] G S DEAECTO,J C GEROMEL,F S GARCIA,et al. Switched affine systems control design with application to DC-DC converters[J]. IET Control Theory and Applications,2010,4(7):1201-1210.

[47] 任磊,龚春英.基于修正混杂系统模型的 Boost 变换器 LC 参数辨识方法 [J].中国电机工程学报,2018,38(22):6647-6654.

[48] 李继方,汤天浩,姚刚.基于切换系统的储能节能系统双向 DC-DC 变换器建模与控制[J].电工电能新技术,2011,30(4):21-25.

[49] 田崇翼,李珂,张承慧,et al.基于切换模型的双向 AC-DC 变换器控制策略 [J].电工技术学报,2015,30(16):70-76.

[50] 韩璐,肖建,邱存勇.三相 SPWM 逆变器的切换模型与稳定性分析[J].电机与控制学报,2014,18(2):21-27.

[51] 王浩.构建煤层气地面抽采直流微电网系统的关键技术与可行性分析[J]. 2018,43(9):2653-2660.

[52] 李玉梅,查晓明,刘飞,等.带恒功率负荷的直流微电网母线电压稳定控制策略[J].电力自动化设备,2014,34(8):57-64.

[53] 李玉梅,查晓明,刘飞.含有多个恒功率负荷的多源直流微电网振荡抑制研究[J].电力自动化设备,2014,34(3):40-46.

[54] ZHEMING JIN, LEXUAN MENG, JOSEP M GUERRERO. Constant

power load instability mitigation in DC shipboard power systems using negative series virtual inductor method[C]//IECON 2017-43rd Annual Conference of the IEEE Industrial Electronics Society. Beijing, China, 2017:6789-6794.

[55] CARL M WILDRICK, FRED C LEE, BO H CHO, et al. A method of defining the load impedance specification for a stable distributed power system[J]. IEEE Transactions on Power Electronics,1995,10(3):280-285.

[56] MAURICIO CESPEDES, LEI XING, JIAN SUN. Constant-power load system stabilization by passive damping[J]. IEEE Transactions on Power Electronics,2011,26(7):1832-1836.

[57] 张辉,杨甲甲,支娜,李宁.基于无源阻尼的直流微电网稳定性分析[J].高电压技术,2017,43(9):3100-3109.

[58] 郭力,冯怿彬,李霞林,等.直流微电网稳定性分析及阻尼控制方法研究[J].中国电机工程学报,2016,36(4):927-936.

[59] 季宇,王东旭,吴红斌,等.提高直流微电网稳定性的有源阻尼方法[J].电工技术学报,2018,33(2):370-379.

[60] 谢文强,韩民晓,严稳利,等.考虑恒功率负荷特性的直流微电网分级稳定控制策略[J].电工技术学报,2019,34(16):3430-3443.

[61] 王浩,王聪,马勇,等.煤层气抽采直流微网建模与稳定性分析[J].电工技术学报,2017,32(14):194-204.

[62] 支娜,张辉,肖曦,等.分布式控制的直流微电网系统级稳定性分析[J].中国电机工程学报,2016,36(2):368-378.

[63] J RAJAGOPALAN, K XING, Y GUO, F C LEE, et al. Modeling and dynamic analysis of paralleled dc/dc converters with master-slave current sharing control[C]. Proceedings of Applied Power Electronics Conference. San Jose, USA,1996:678-684.

[64] XIAO SUN, YIM-SHU LEE, DEHONG XU. Modeling, analysis, and implementation of parallel multi-inventer systems with instantaneous average-current-sharing scheme[J]. IEEE Transactions on Power Electronics, 2003,18(3):844-856.

[65] TOMISLAV DRAGIČEVIĆ, JOSEP M GUERRERO, JUAN C VASQUEZ, et al. Supervisory control of an adaptive-droop regulated DC microgrid with battery management capability[J]. IEEE Transactions on Power Electronics,2014,29(2):695-706.

[66] PO-HSU HUANG, WEIDONG XIAO, MOHAMED SHAWKY EI MOURSI. A practical load sharing control strategy for DC microgrids and DC supplied houses[C]//IECON 2013-39th Annual Conference of the IEEE Industrial Electronics Society. Vienna, Austria, 2013:7124-7128.

[67] JEF BEERTEN, RONNIE BELMANS. Analysis of power sharing and voltage deviations in droop-controlled DC grids[J]. IEEE Transactions on Power System, 2013, 28(4):4588-4597.

[68] XUNWEI YU, XU SHE, XIJUN NI, et al. System integration and hierarchical power management strategy for a solid-state transformer interfaced microgrid system[J]. IEEE Transactions on Power Electronics, 2014, 29(8):4414-4425.

[69] SIJO AUGUSTINE, MAHESH K MISHRA, N LAKSHMINARASAMMA. Adaptive droop control strategy for load sharing and circulating current minimization in low-voltage standalone DC microgrid[J]. IEEE Transactions on Sustainable Energy, 2015, 6(1):32-141.

[70] XUNWEI XU, XIJUN NI, ALEX HUANG. Multiple objectives tertiary control strategy for solid state transformer interfaced DC microgrid[C]. 2014 IEEE Energy Conversion Congress and Exposition. Pittsburgh, USA, 2014:4537-4544.

[71] SANDEEP ANAND, BAYLON G FERNANDES, JOSEP GUERRERO. Distributed control to ensure proportional load sharing and improve voltage regulation in low-voltage DC microgrids[J]. IEEE Transactions on Power Electronics, 2013, 28(4):1900-1913.

[72] XIAONAN LU, JOSEP M GUERRERO, KAI SUN, et al. An improved droop control method for DC microgrids based on low bandwidth communication with DC bus voltage restoration and enhanced current sharing accuracy[J]. IEEE Transactions on Power Electronics, 2014, 29(4):1800-1812.

[73] 陆晓楠,孙凯,黄立培,等.直流微电网储能系统中带有母线电压跌落补偿功能的负荷功率动态分配方法[J].中国电机工程学报,2013,33(16):37-46.

[74] 于明,王毅,李永刚.基于预测方法的直流微网混合储能虚拟惯性控制[J].电网技术,2017,41(5):1526-1532.

[75] PANBAO WANG, XIAONAN LU, XU YANG, et al. An improved dis-

tributed secondary control method for DC microgrids with enhanced dynamic current sharing performance[J]. IEEE Transactions on Power Electronics,2016,31(9):6658-6673.

[76] HIROAKI KAKIGANO, YUSHI MIURA, TOSHIFUMI ISE. Distribution voltage control for DC microgrids using fuzzy control and gain-scheduling technique[J]. IEEE Transactions on Power Electronics, 2013, 28 (5):2246-2258.

[77] NELSON L DIAZ,TOMISLAV DRAGIČEVIĆ,JUAN C VASQUEZ,et al. Intelligent distributed generation and storage units for DC microgrids—A new concept on cooperative control without communications beyond droop control[J]. IEEE Transactions on Smart Grid, 2014,5(5): 2476-2485.

[78] THOMAS MORSTYN, ANDREY V SAVKIN, BRAINSLAV HREDZAK,et al. Multi-agent sliding mode control for state of charge balancing between battery energy storage systems distributed in a DC microgrid[J]. IEEE Transactions on Smart Grid,2018,9(5):-.

[79] 吕振宇,吴在军,窦晓波,等.基于离散一致性的孤立直流微电网自适应下垂控制[J].中国电机工程学报,2015,35(17):4397-4407.

[80] VAHIDREZA NASIRIAN, ALI DAVOUDI, FRANK L LEWIS, et al. Distributed adaptive droop control for DC distribution systems[J]. IEEE Transactions on Energy Conversion,2014,29(4):944-956.

[81] 王成山,李微,王议锋,等.直流微电网母线电压波动分类及抑制方法综述[J].中国电机工程学报,2017,37(1):84-97.

[82] 郭力,李霞林,王成山.计及非线性因素的混合供能系统协调控制[J].中国电机工程学报,2012,32(25):60-69.

[83] 倪靖猛,方宇,邢岩,等.基于优化负载电流前馈控制的400Hz三相PWM航空整流器[J].电工技术学报,2011,26(2):141-164.

[84] 董晓鹏,王兆安.具有快速动态响应的单位功率因数PWM整流器[J].西安交通大学学报[J].1997,31(11):77-82.

[85] DONG DONG, IGOR CVETKOVIĆ, DUSHAN BOROYEVICH, et al. Grid-interface bidirectional converter for residential DC distribution systems—part one:high-density two-stage topology[J]. IEEE Transactions on Power Electronics,2013,28(4):1655-1666.

[86] 王成山,李霞林,郭力.基于功率平衡及时滞补偿相结合的双级式变流器协调控制[J].中国电机工程学报,2012,32(25):109-117.

[87] SATO AKIRA,NOGUCHI TOSHIHIKO. Voltage-source PWM rectifier-inverter based on direct power control and its operation characteristics [J]. IEEE Transactions on Power Electronics,2011,26(5):1559-1567.

[88] HAGIWARA MAKOTO, AKAGI HIROFUMI. An approach to regulating the DC-link voltage of a voltage-source BTB system during power line faults[J]. IEEE Transactions on Industry Applications,2005,41(5):1263-1271.

[89] GU BON-GWAN,NAM KWANGHEE. A DC-link capacitor minimization method through direct capacitor current control[J]. IEEE Transactions on Industry Applications,2006,42(2):573-581.

[90] 黄淡芳.在可控硅整流器设计中引入前馈的初步探索[J].电子技术应用,1982(8):11-13.

[91] 李时杰,李耀华,陈睿.背靠背变流系统中优化前馈控制策略的研究[J].中国电机工程学报,2006,26(22):74-79.

[92] 杜韦静,张军明,钱照明.Buck 变流器级联系统直流母线电压补偿控制策略[J].电工技术学报,2015,30(1):135-142.

[93] XIN CAO,QING-CHANG ZHONG,WEN-LONG MING. Ripple eliminator to smooth DC-bus voltage and reduce the total capacitance required [J]. IEEE Transactions on Industrial Electronics,2015,62(4):2224-2235.

[94] RUXI WANG, FEI WANG, DUSHAN BOROYEVICH, et al. A high power density single-phase PWM rectifier with active ripple energy storage[J]. IEEE Transactions on Power Electronics,2011,26(5):1430-1443.

[95] 王聪,王浩,白利军.煤层气抽采机感应电机运行最优速度曲线控制策略研究[J].电工技术学报,2016,31(11):75-83.

[96] 李霞林,郭力,王成山,等.直流微电网关键技术研究综述[J].中国电机工程学报,2016,36(1):2-17.

[97] YUNJIE GU,XIN XIANG,WUHUA LI,et al. Mode-adaptive decentralized control for renewable DC microgrid with enhanced reliability and flexibility[J]. IEEE Transactions on Power Electronics, 2014, 29(9):5072-5080.

[98] JOSEP M GUERRERO,MUKUL CHANDORKAR,TZUNG-LIN LEE,et al. Advanced control architectures for intelligent microgrids,part I:De-

centralized and hierarchical control[J]. IEEE Transactions on Industrial Electronics,2013,60(4):1254-1262.

[99] 黄文焘,邰能灵,范春菊,等.微电网结构特性分析与设计[J].电力系统保护与控制,2012,40(18):149-155.

[100] 李武华,顾云杰,王宇翔,等.新能源直流微网的控制架构与层次划分[J].电力系统自动化,2015,39(9):156-162.

[101] 杜翼,江道灼,尹瑞,等.直流配电网拓扑结构及控制策略[J].电力自动化设备,2015,35(1):139-145.

[102] 王毅,于明,张丽荣.环形直流微网短路故障分析及保护方法[J].电力自动化设备,2017,37(2):7-14.

[103] QOBAD SHAFIEE,TOMISLAV DRAGI? EVI? ,JUAN C VASQU-EZ,et al. Hierarchical control for multiple DC-microgrids cluster[J]. IEEE Transactions on Energy Conversion,2014,29(4):922-933.

[104] 韩继业,李勇,曹一家,等.基于模块化多电平型固态变压器的新型直流微网架构及其控制策略[J].电网技术,2016,40(3):733-740.

[105] 王皓界.直流微电网动态特性分析与控制[D].北京:华北电力大学,2018.

[106] 薛贵挺,张焰,祝达康.孤立直流微电网运行控制策略[J].电力自动化设备,2013,33(3):112-117.

[107] J BRYAN,R DUKE,S ROUND. Decentralized generator scheduling in a nanogrid using DC bus signaling[C]//IEEE Power Engineering Society General Meeting. Denver,USA,2004:977-982.

[108] JOHN SCHÖNBERGER, RICHARD DUKE, SIMON D ROUND. DC bus signaling:A distributed control strategy for a hybrid renewable nanogrid[J]. IEEE Transactions on Industrial Electronics,2006,53(5):1453-1460.

[109] 刘家赢,韩肖清,王磊,等.直流微电网运行控制策略[J].电网技术,2014,38(9):2356-2362.

[110] 王盼宝,王卫,孟妮娜,等.直流微电网离网与并网运行统一控制策略[J].中国电机工程学报,2015,35(17):4388-4396.

[111] 郝雨辰,吴在军,窦晓波,等.多代理系统在直流微网稳定控制中的应用[J].中国电机工程学报,2012,32(25):27-35.

[112] 杨丘帆,黄煜彬,石梦璇,等.基于一致性算法的直流微电网多组光储单元分布式控制方法研究[J].中国电机工程学报,2019,DOI:10.13334/j.0258-8013.pcsee.190444

[113] 孟建辉,石新春,王毅,等.改善微电网频率稳定性的分布式逆变电源控制策略[J].电工技术学报,2015,30(4):70-79.

[114] ZHAO HAILIN,YANG QIANG,ZENG HONGMEI. Multi-loop virtual synchronous generator control of inverter-based DGs under microgrid dynamics[J]. IET Generation,Transmission & Distribution,2017,11 (3):795-803.

[115] 伍文华,陈燕东,罗安,等.一种直流微网双向并网变换器虚拟惯性控制策略[J].中国电机工程学报,2017,37(2):360-372.

[116] 孟建辉,邹培根,王毅,等.基于灵活虚拟惯性控制的直流微网小信号建模及参数分析[J].电工技术学报,2019,34(12):2615-2626.

[117] 齐俊林,郭方元,黄伟,等.游梁式抽油机分析方法[J].石油学报,2006,27 (6):116-124.

[118] 刘新福,綦耀光,刘春花.煤层气井有杆泵排采设备悬点静载荷计算方法 [J].煤田地质与勘探,2009,37(2):75-78.

[119] 牛文杰,刘新福,綦耀光,等.煤层气井有杆排采系统悬点动载荷计算[J]. 煤田地质与勘探,2011,39(1):24-27.

[120] SAM G GIBBS. Computing gear box torque and motor loading for beam pumping units with consideration of inertia effects[J]. Journal of Petroleum Technology,1975,32(9):1153-1159.

[121] 张旭辉,温旭辉,赵峰.电机控制器直流侧前置双向 Buck/Boost 变换器的直接功率控制策略研究[J].中国电机工程学报,2012,32(33):15-22.

[122] 赵宏,潘俊民.基于 Boost 电路的光伏电池最大功率点跟踪系统[J].电力电子技术,2004,38(3):55-57.

[123] UMAMAHESWARARAO VUYYURU,SUMAN MAITI,CHANDAN CHAKRABORTY. Active power flow control between DC microgrids [J]. IEEE Transactions on Smart Grid,2019,10(5):5712-5723.

[124] HENRIK MOSSKULL,BO WAHLBERG,JOHANN GALIC. Validation of stability for an induction machine drive using measurements[C]. 13th IFAC Symposium on System Identification. Rotterdam,Netherlands,2003:1460-1465.

[125] XIAOGANG FENG,ZHIHONG YE,KUN XING,et al. Individual load impedance specification for a stable DC distributed power system[C]. 14th Applied Power Electronics Conference and Exposition. Dallas, USA,1999:923-929.

[126] JUAN DIXON, LUIS MORÁN, JOSÉ RODRÍGUEZ, et al. Reactive power compensation technologies: state-of-the-art review[J]. Proceedings of the IEEE,2005,93(12):2144-2164.

[127] 傅光祖.自饱和电抗器型静止无功补偿装置及其应用[J].电力电容器,1987,(2):51-61.

[128] 巩庆.晶闸管投切电容器动态无功补偿技术及其应用[J].电网技术,2007,31(S2):118-122.

[129] 孙晓波,温嘉斌.TCR+FC型静止无功补偿装置的研究[J].电力电子技术,2011,45(5):43-45.

[130] 汪玉凤,刘芳芳,薛建清.针对矿井电网的机械投切电容器组动态无功补偿控制系统的设计[J].电网技术,2011,35(8):218-222.

[131] 张瑞君.TSC+TCR组合补偿技术及仿真分析[J].电力电容器与无功补偿,2015,36(6):23-26.

[132] 王维洲,彭夕岚,何世恩.成碧220 kV可控串补装置的运行与维护[J].电网技术,2007,31(1):50-55.

[133] 白利军,王振翀,庄园,等.煤层气开采用游梁式抽水机静止无功发生器设计[J].煤炭科学技术,2014,42(11):77-80.

[134] 王爱霞,朱传琴,闫敬东,等.电动机Δ-Y切换技术及在抽油机上的应用[J].电工技术杂志,2000,(3):33-35.

[135] EWALD F FUCHS, WILLIAM J HANNA. Measured efficiency improvements of induction motors with thyristor/triac controllers[J]. IEEE Transactions on Energy Conversion,2002,17(4):437-443.

[136] 戴武昌,赵新飞,杨玉波,等.一种适用于抽油机的永磁同步电动机的研发[J].电机与控制学报,2013,17(2):98-102.

[137] YINGLI LUO,XUESHEN CUI,HAISEN ZHAO,et al. A multifunction energy-saving device with a novel power-off control strategy for beam pumping motors[J]. IEEE Transactions on Industry Applications,2011,47(4):1605-1611.

[138] LIJUN BAI,ZHENGCHONG WANG,HAO WANG,et al. Research on vector control system of beam pump used in CBM wells[J]. The 27th Chinese Control and Decision Conference. Qingdao, China, 2015:987-992.

[139] 白利军,王浩,王聪,等.煤层气井抽水机电动机变频-恒频分段节能控制策略.煤炭学报,2016,41(8):2136-2142.

[140] 王博,赵海森,李和明,等.用于模拟游梁式抽油机电动机动态负荷的测试系统设计及应用[J].中国电机工程学报,2014,34(21):3488-3495.

[141] MING MENG,YANING YUAN,MINGWEI GUO,et al. A novel DC microgrid based on photovoltaic and traction power supply system[C]// 2014 IEEE Conference and Expo Transportation Electrification Asia-Pacific. Beijing,China,2014:1-4.

[142] R T NAAYAGI, ANDREW J FORSYTH, R SHUTTLEWORTH. High-power bidirectional DC-DC converter for aerospace applications [J]. IEEE Transactions on Power Electronics,2012,27(11):4366-4379.

[143] DANIEL SALOMONSSON,LENNART SÖDER,AMBRA SANNINO. An adaptive control system for a DC microgrid for data centers[J]. IEEE Transactions on Industry Applications,2008,44(6):1910-1917.

[144] 肖晗,叶志浩,纪锋.考虑电动机启动的舰船直流区域配电系统最大供电能力计算与分析[J].中国电机工程学报,2017,37(18):1-10.

[145] 王闪闪,赵晋斌,毛玲,等.基于电动汽车移动储能特性的直流微网控制策略[J].电力系统保护与控制,2018,46(20):31-38.

[146] 王浩.煤层气井排采设备供电的直流微电网优化与控制关键技术[J].煤炭学报,2019,44(S1):355-361.

[147] SHANKAR ABHINAV, HAMIDREZA MODARES, FRANK L LEWIS,et al. Resilient cooperative control of DC microgrids[J]. IEEE Transactions on Smart Grid,2019,10(1):1083-1085.

[148] H KAKIGANO,Y MIURA,T ISE,et al. DC voltage control of the DC micro-grid for super high quality distribution[C]//2007 Power Conversion Conference,Nagoya,Japan,2007:518-525.

[149] BIBASWAN BANERJEE,WAYNE W WEAVER. Generalized geometric control manifolds of power converters in a DC microgrid[J]. IEEE Transactions on Energy Conversion,2014,29(4):904-912.

[150] 李子峰.使用故障分类新方法的直流微电网保护方案[J].高电压技术,2018,44(4):1261-1268.